U0383767

Hubei Special Funds for
Academic Publications 出版专项资金

"十三五"湖北省重点图书出版规划项目

地球空间信息学前沿丛书 丛书主编 宁津生

航空影像匀色与镶嵌处理

潘俊 王密 著

WUHAN UNIVERSITY PRESS
武汉大学出版社

图书在版编目(CIP)数据

航空影像匀色与镶嵌处理/潘俊,王密著.—武汉:武汉大学出版社,
2018.11

地球空间信息学前沿丛书/宁津生主编

湖北省学术著作出版专项资金资助项目 "十三五"湖北省重点图书
出版规划项目

ISBN 978-7-307-20558-1

Ⅰ.航… Ⅱ.①潘… ②王… Ⅲ.航天摄影—研究 Ⅳ.TB871

中国版本图书馆 CIP 数据核字(2018)第 223628 号

责任编辑:杨晓露 责任校对:汪欣怡 整体设计:汪冰滢

出版发行:**武汉大学出版社** (430072 武昌 珞珈山)

(电子邮件:cbs22@whu.edu.cn 网址:www.wdp.com.cn)

印刷:湖北恒泰印务有限公司

开本:787×1092 1/16 印张:9.25 字数:219 千字 插页:2

版次:2018 年 11 月第 1 版 2018 年 11 月第 1 次印刷

ISBN 978-7-307-20558-1 定价:39.00 元

潘　俊

　　武汉大学测绘遥感信息工程国家重点实验室副教授，博导，珞珈青年学者。2008年获武汉大学摄影测量与遥感专业博士学位，2011年获评全国优秀博士学位论文。主持了国家重点研发计划课题，国家自然科学基金青年基金、重大研究计划培育项目、重大研究计划集成项目课题，高分辨率对地观测重大专项项目以及全国优秀博士学位论文作者专项资金资助项目等。长期从事影像匀色与镶嵌处理方法研究和软件研制工作，所研制的影像匀色镶嵌软件在武大吉奥信息技术有限公司的支持下成功产品化为GeoDodging，在国产空间信息系统软件测评中获得了国家遥感中心的表彰与推荐，被认定为测绘地理信息创新产品，广泛应用于测绘及相关行业。

前　言

摄影测量与遥感开辟了人类认知地球的崭新视角，为人类提供了从多维角度和宏观尺度认识宇宙与世界的新方法、新手段，在经济建设和社会发展中发挥了越来越重要的技术支撑作用。数字正射影像产品作为摄影测量与遥感最重要的基础数据产品，它的自动化生产与快速更新关系到摄影测量与遥感在诸多领域中的应用。因此，解决正射影像产品生产过程中的瓶颈环节，研究高质量、完全自动化的正射影像产品生成方法，对于提高正射影像产品生产的质量与效率具有重要的理论与实践意义，这不仅是摄影测量与遥感行业发展的内在需求，同时也是其拓展在相关领域中应用的基础。

数字正射影像图是最有价值的数字化产品之一，它是由一张张航片或卫片经过几何纠正、影像匀色和影像镶嵌而成的。而通过航空摄影获取的全色、真彩色或多光谱等影像是获取高分辨率数字正射影像产品的主要数据来源。在以航空影像为数据源的数字正射影像产品生产过程中，主要包括几何纠正、影像匀色和影像镶嵌三个主要环节。其中，影像匀色和影像镶嵌中的接缝线网络自动生成与优化多年来一直是影响正射影像产品生产的质量与效率的关键环节，在实际生产中，常需要大量的人工干预，劳动强度大，效率低。因此，本书旨在探求正射影像产品生产过程中影响产品质量与生产效率等关键问题的解决方案，从核心理论与方法等方面进行系统的研究。

本书是作者及研究团队近 10 多年来在相关方面工作的系统性总结，同时也吸收了本领域国内外同行的部分研究成果和经验。感谢项目组周清华、袁胜古、马迪、曹晓辉、陈胜通、方忠浩、叶果等对本书写作、修改和完善所做的大量工作。

本书的出版得到了国家自然基金（项目编号：40901210），全国优秀博士学位论文作者专项资金（项目编号：201249）以及国家重点基础研究发展计划（973 计划，项目编号：2012CB719901）等项目的资助，在此一并致谢！

限于作者的专业范围和水平，错漏之处在所难免，敬请读者批评指正。

作者

2018 年 8 月于武汉

目　　录

1

第一章 绪 论

1.1 匀色镶嵌技术背景

数字正射影像作为空间基础设施的一个重要组成部分，是建立基础地理信息数据库、制作地形图的基础，是摄影测量和遥感的一种基本数据产品，它的自动生产与快速更新是行业发展与应用的迫切需求。而通过航空摄影获取的全色和真彩色影像是获取高分辨率数字正射影像产品的重要数据来源。数码航空相机得到了广泛的应用和普及，例如基于面阵技术的 DMC(Intergraph's Z/I Imaging)、UltraCamD(Vexcel)、DiMAC(DiMAC Systems)和 SWDC-4(四维)等相机以及基于推扫式线阵技术的 ADS80(Leica)和 HRSC(德国宇航中心 DLR)等，使得数据获取的成本越来越低、数据的精度越来越高(厘米级的几何分辨率，12 位甚至是 16 位的辐射分辨率)、重叠度越来越大(在不增加数据获取成本的情况下，可以获取 80%甚至 90%重叠度的航空影像)、数据量越来越大、数据获取的周期越来越短。为了应对数据获取技术的发展所带来的挑战，"Pixel Factory"、"DPGRID"等软件系统相继问世，数据处理的流程化、自动化、并行化和智能化成为了摄影测量和遥感系统发展的一个重要趋势。

航空影像的正射影像产品生产主要包括几何纠正、影像匀色和影像镶嵌三个主要环节。在这三个环节中，几何纠正相对比较成熟，而大区域的影像匀色和影像镶嵌中的接缝线网络自动生成仍然需要用户辅以手工方式才能满足应用的要求，生成效率也有待提高，这也是本书主要关注的内容。

航空影像的匀色处理主要用来消除航空影像在获取过程中由于内外部环境因素的影响(如光学透镜的不均匀性，相机成像方式的不同、镜头和曝光时间差异、影像获取时间、光照条件、大气条件的不同等)而导致的一幅影像内部不同部分以及多幅影像之间存在的亮度、色彩等差异。目前的一些处理方法多是针对卫星影像，对于航空影像的特殊性考虑不够。对于航空影像而言，摄影高度较低，摄影角度的差异对于获取的地面目标影像的影响非常明显，一方面对于具有高度的地面目标会造成不同角度获取影像在内容上有较大差异，另一方面，航空影像中的镜面反射现象较为普遍，使一些特殊区域所表现出来的亮度、色彩随着摄影角度的变化而差异明显，甚至出现亮斑。这两方面的原因使得航空影像的影像匀色处理更为复杂，也更为困难。传统的影像匀色处理方法主要通过手工调节，这种方法劳动强度大、效率低、主观性强，且不便于质量控制。而目前的一些软件提供的处理方法，虽然有些在一定程度上可以自动处理，但为了达到令人满意的效果，大量人工交互工作仍然不可避免。

1

对于航空影像镶嵌处理，基于接缝线的镶嵌方法是普遍采用的方法。在镶嵌的过程中，传统的做法是采用两两镶嵌的串行化模式，每次只进行两幅影像之间的镶嵌，镶嵌的结果作为一幅影像再与镶嵌序列中的下一幅影像进行镶嵌处理。这主要是由于传统的接缝线都是基于相邻的两幅影像的局部接缝线。目前，随着数据获取技术的飞速发展，特别是航空数码相机的普及与应用，以及无人机的大量使用，获取的数据量也急剧增长。航空数码相机获取的影像与传统的模拟相机相比，影像间具有更高的重叠度，影像覆盖范围更小，这会导致同样的地面覆盖范围会有更多的像片数，这也使镶嵌处理的数据量成倍增长。如果在进行镶嵌处理时，仍然采用两两镶嵌的串行化模式，工作量也会成倍增长，这显然不能满足各种应用的需求。实际上，对于镶嵌处理来说，高重叠度使影像有大量的数据冗余，每幅影像中只有部分区域像素对最后的镶嵌处理有贡献。因此如何自动生成基于全局的接缝线网络，确定每幅影像中对镶嵌有贡献的像素区域范围，是提高大范围影像镶嵌处理的生产效率的关键。同时，在生成接缝线网络之后，如何根据重叠区域影像的内容对接缝线网络进行自动的优化调整也是决定镶嵌质量以及自动化程度的一个关键因素。

1.2　航空影像成像特点

在航空影像的获取过程中，地物对于太阳光以及天空光能量的反射是获得关于地物的亮度、色彩等信息的主要来源。此时，地物反射能量的几何特性是需要考虑的重要因素，它主要取决于地物表面的粗糙程度。地物对能量的反射形式主要有以下几种（朱述龙等，2000；孙家抦等，2003；利尔桑德等，2003；Zuberbühler，2004）：

（1）镜面反射。它是在平坦而类似于镜面的表面上产生的，反射角与入射角相等。其反射能量等于入射能量减去物体吸收和透射的能量，反射能量集中在反射线方向上，如图1-1（a）所示，自然界中真正的镜面很少，非常平静的水面可以近似认为是镜面，而且实际上自然界中发生的镜面反射是一种近镜面反射，如图1-1（b）所示。

（2）漫反射（朗伯反射）。在物体表面的各个方向上都有反射能量的分布，这种反射称为漫反射，如图1-1（c）所示，它发生在粗糙的表面，它将入射能量同等地向四面八方反射。对全漫反射体，在单位面积、单位立体角内的反射功率和测量方向与表面法线的夹角的余弦成正比，这种表面称为朗伯面。综合朗伯面和亮度的定义可知：无论从哪个方向观测朗伯面，看到的朗伯表面的亮度是一样的。

（3）近漫反射（方向反射）。地面反射完全符合朗伯反射的也不多，由于地形起伏和地面结构的复杂性往往在某些方向上反射最强烈，这种现象称为近漫反射，也就是方向反射，它是镜面反射和漫反射的结合，如图1-1（d）所示。发生方向反射时，在不同的观测方向上看到地物的亮度是不一样的，所接收到的反射能量也是不一样的。

（4）回射。回射是指物体表面将入射能量沿入射方向反射回去的反射。它通常由特殊的地表，如矿物、金属等，或者特殊类型的大气浮质引起，如图1-1（e）所示。

除了地物的反射特性外，航空影像的获取还受到其他一些因素的干扰，如光学透镜成像的不均匀性，大气散射，影像获取时间和太阳高度角、光照强度等存在差异，以及阴影、雾气或云层等天气条件存在差异。这些因素综合作用，一方面，所获取的影像无论是

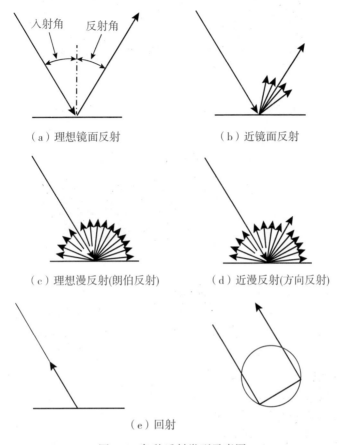

（a）理想镜面反射　　　　　　　　（b）近镜面反射

（c）理想漫反射(朗伯反射)　　　　（d）近漫反射(方向反射)

（e）回射

图 1-1　各种反射类型示意图

在单幅影像内部，还是多幅影像之间都存在不同程度的亮度、色彩差异；另一方面，影像中也存在一些特殊的区域，比如大面积的水域、亮斑以及阴影等，由于其形成区域的反射特性及成因，使得所反映出的亮度、色彩等差异与其他区域不同，因此也使影像的匀色处理变得更为复杂。

图 1-2 显示了几种典型航空影像的亮度、色彩差异现象。图 1-2(a)是一个单幅影像存在亮度、色彩差异现象的例子，中间较亮，四周偏暗，同时色彩也存在一定差异；图 1-2(b)是一个多幅影像间亮度、色彩存在明显差异现象的例子，4 条航带的 24 幅影像之间亮度、色彩差异明显，同时每幅影像内部不同部分的亮度、色彩也存在一定程度的差异；图 1-2(c)是一个比较特殊的 DMC 影像的亮度、色彩存在差异现象的例子，DMC 影像不同 CCD 之间的过渡区域存在亮度、色彩差异现象，同时不同 CCD 影像的亮度、色彩也存在差异。由于影响因素众多，因此获取影像存在不同程度的亮度、色彩差异现象非常普遍。这也会严重影响正射影像匀色镶嵌处理的效果，如果不能得到很好的解决，将会严重影响正射影像产品的应用。

(a)

(b)   (c)

图 1-2 几种典型航空影像的亮度、色彩差异现象

1.3 色彩差异成因分析

引起上述各种亮度、色彩差异现象的因素较多。就单幅影像而言，引起单幅影像内部亮度、色彩差异主要有如下几个因素。

1. 虚光效应

虚光效应(Vignetting)也称边缘减光效应，由于镜头光学特性的非均匀性，在其成像平面存在着边缘部分比中间部分暗的现象。这是由像点与中心的距离不同引起的焦平面曝光度的不同引起的，这使得在空间上具有相同反射系数的地表景物不能在焦平面上产生空间上均匀的曝光效果。对于均匀的地表场景，在焦平面上的曝光在成像介质的中心最强，并随离中心距离的增加而降低(朱述龙，2000；利尔桑德，2003)。

产生虚光效应的原因如图 1-3 所示，它展示了一张假设是地表亮度相同的场景产生的成像介质。对于一束直接来自光轴上一点的光，曝光量 E_0 与透镜孔的面积 A 成正比，与透镜焦距的平方 f^2 成反比。然而，对于偏离光轴 θ 角度的点 E_θ，曝光量比 E_0 小，原因如下：①当在离开光轴的区域成像时，有效的透镜孔的聚光面积 A 随 $\cos\theta$ 成比例减小(即有 $A_\theta = A\cos\theta$)；②从摄影透镜到焦平面的距离 f_θ 与 $1/\cos\theta$ 成正比，即有 $f_\theta = f/\cos\theta$，因为曝光与此距离的平方成反比，故随 $\cos^2\theta$ 成比例减小；③成像介质面积元素的有效尺寸 dA，当偏离光轴时，在垂直于光束的方向上的投影面积随 $\cos\theta$ 成正比地减少，即有 $dA_\theta = dA\cos\theta$。将这几方面影响结合起来，对于离开光轴点的成像介质的曝光，理论上的减少值是：

$$E_\theta = E_0 \cos^4\theta \tag{1-1}$$

式中：θ 为光轴与离开光轴点光线之间的角度，E_θ 为在离开光轴点的胶片曝光量，E_0 为位于光轴上点的曝光量(利尔桑德，2003)。虚光效应在像片上的影响如图 1-4 所示。

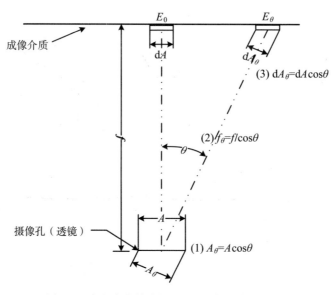

图 1-3 产生虚光效应的原因(利尔桑德，2003)

2. 大气散射(Zuberbühler，2004)

由于大气散射而产生的散射光也会对成像产生影响，如图 1-5(a)所示。散射光对影像信息的影响主要体现在两个方面：①散射光被反射到镜头里；②影像信息被散射，影像

图 1-4 虚光效应在像片上的影响(Zuberbühler，2004)

变得模糊。散射光的这种影响取决于视场角，如图 1-5(b)所示，在成像的过程中，外围的射线在大气中所穿越的路径比中心的射线要远，由于散射光的影响，影像四周区域将被照亮。因此视场角越大，大气散射的影响也越大，影像中心与四周的差异也越大。散射光在影像上的影响如图 1-6 所示。

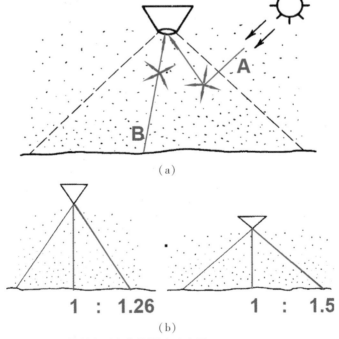

图 1-5 散射光对成像的影响示意图(Zuberbühler，2004)

图 1-6　散射光在影像上的影响(Zuberbühler, 2004)

3. 地形光照

由于地形因素引起的光照条件的差异，进而使同种地物成像时呈现出不同的反射强度，从而导致同种地物在影像上色调、亮度等存在差异。这种地形光照一方面取决于太阳天顶角，另一方面取决于地形的倾斜度。

4. 回射引起的过亮区(hot spot)

一些特殊的地表，比如矿物、金属以及特殊类型的大气浮质使得入射能量沿入射方向被反射回去，从而在影像上形成了亮度比周围区域高的区域。

5. 云、云影、烟、雾等引起的影像不同部分的光照条件差异

由于这些因素的影响，航空影像单幅影像范围内会存在不同程度的亮度、色彩差异现象，同时也会对影像间的亮度、色彩有一定的影响。不过影像间的亮度、色彩差异现象更主要是由成像角度差异，成像时间差异，天气、光照、大气状况差异，相机参数设置、曝光时间差异等因素引起的。对于模拟像片还存在像片数字化时扫描因素引起的亮度、色彩差异，不过目前扫描的模拟像片已经很少见。

1.4　本书的内容与组织结构

本书共由五章组成，主要阐述航空影像匀色与镶嵌处理的理论与方法。

第一章为绪论，对航空影像匀色镶嵌技术背景、航空影像成像特点以及影响航空影像匀色镶嵌处理的亮度、色彩差异成因进行了分析与总结。

第二章阐述了航空影像匀色处理相关方法。分析了特殊区域对匀色处理的影响，将特殊区域的自动检测纳入到了影像匀色处理中，分别提出了单幅影像匀色处理、多幅影像匀色处理以及特殊区域自动检测等方法。

　　第三章重点阐述了影像镶嵌处理相关方法理论。针对影像镶嵌的需求，分别提出了顾及重叠的面 Voronoi 图，以及基于顾及重叠的面 Voronoi 图的接缝线网络生成、基于网络的整体镶嵌以及考虑区域变化的多尺度羽化等方法。

　　第四章进一步阐述了接缝线网络优化相关方法。为了进一步提升镶嵌影像质量，提出了结合对象级与像素级的优化思想，分别提出了基于分割对象跨度、基于分割对象区域变化率、基于分割对象相似性以及基于地物类别的接缝线优化方法。

　　第五章介绍了本书研究方法在国内外的应用情况和基于本书研究方法所开发的软件系统及相关的应用情况。

第二章 影像匀色

2.1 引言

最初针对影像的匀色处理，主要依靠手工处理的方式，使用图像处理工具软件提供的图像处理的基本功能进行处理。随着影像获取技术的飞速发展，数据量呈几何级数增长，因此，影像的匀色处理逐渐成为数字影像产品生产过程中的一个瓶颈问题，也逐渐引起国内外学者的广泛重视，很多软件公司也分别研制了专门的算法模块，比如 ERDAS IMAGINE，ER Mapper，ImageStation OrthoPro，OrthoVista 以及 VirtuoZo 等。但是目前这些软件都存在一些局限性，自动化处理的效果往往不能完全满足需求，仍然需要一定的人工交互操作或人工的后期处理工作。

影像匀色处理可以分为单幅影像匀色处理和影像间的匀色处理。单幅影像的匀色处理主要解决单幅航空影像由于光学透镜成像的不均匀性，大气条件以及光照条件不同等因素引起的亮度、色彩等不均匀分布现象。影像间的匀色处理或色调匹配，即多幅影像间的匀色处理，主要解决不同影像之间存在的亮度、色彩差异现象。

对于航空影像的单幅影像匀色处理，现有方法主要集中在如何获取影像的亮度变化趋势，然后据此对影像不同部分进行补偿。根据获取影像的亮度变化采用的方法的不同，主要处理方法分为两类。一类方法是数学模型法。这类方法主要根据在局部区域获得的采样值，用数学模型来拟合场景范围内亮度变化的趋势。Zhang 等（2003），李治江（2005）提出的基于自适应模板的匀光方法就属于此类方法，它根据局部窗口计算的影像参考值，采用二次曲面拟合影像亮度的变化。但是由于造成影像亮度分布不均匀的原因很多，地物的自身分布也是不规则的，采用这类方法对航空影像进行匀色处理时，很难自动选取最适合的模型，而且影像中的一些不规则的亮度区域也会导致不能准确地拟合影像的亮度变化。因此，一些学者基于采用分块方式进行单幅影像匀色处理，例如采用 Wallis 滤波器，或者局部尺度修正（LRM）等方法（张振，2010；周丽雅等，2011；曹彬才等，2012；韩宇韬，2014；易磊，2015）。另一类方法是低通滤波法。王密等（2004），李德仁等（2006）提出的基于 Mask 原理的匀光处理方法，采用高斯滤波器模拟影像的亮度分布作为背景影像，通过从原影像中减去不均匀的背景影像，然后再进行对比度增强的方式，抑制不均匀背景，增强影像细节反差。胡庆武等（2004）同样基于 Mask 匀光原理，在制作背景影像，以及增强影像细节时采用了不同的方法。基于 Mask 原理的匀光方法具有较好的效果，因此众多学者在此基础上进行了改进（孙明伟，2009；张振等，2009；张振，2010；姚芳等，2013；史宁，2013；沈小乐等，2013；袁修孝等，2014；韩宇韬，2014；孙文等，2014；易磊，

2015；李烁，2018）。一些学者为了反映不同尺度的边缘特征，采用了多尺度的 Retinex 匀光方法，匀色处理的结果综合了多个尺度的特征（李治江，2005；李慧芳等，2010）。

影像间的匀色处理实际上是一种相对辐射校正问题。对于通过卫星获取的影像，大量文献分别研究了针对镶嵌、变化检测、分类等应用的相对辐射归一化方法，多数方法均是基于线性模型的方法（Schott 等，1988；Yuan 等，1996；Du 等，2001；Canty 等，2008；Hong 等，2008；吴炜等，2012），通过影像间重叠区域的像元对或者从中选取的像素样本，并采用一定的统计方法得出影像间的线性关系，然后对影像进行处理，从而达到辐射归一化的目的（Gehrke，2010；余晓敏等，2012）。对于像素样本的筛选，比较有代表性的有采用人工选取的方法（Schott 等，1988），基于主分量变换的选取方法（Du 等，2001）以及基于多元变化检测（Multivariate Alteration Detection，MAD）的选取方法（Canty 等，2004；Nielsen，2007）等。文献（Yuan 等，1996；Over 等，2003；Pudale 等，2007）等对这些方法进行了比较，也指出基于不变像素的方法与其他方法相比具有诸多优越性。但大部分方法只考虑了两幅影像的情况，由于在计算影像间的线性关系时存在一定的误差与不确定性（Guindon，1997），当对大区域影像进行处理时，辐射归一化的效果不仅与处理顺序有关，且受误差累积影响较大。

但这些针对卫星影像提出的方法，并没有考虑到航空影像的特殊性。卫星影像通常都在很高的轨道上获取，摄影角度的差异对于获取的地面目标影像的影响可以忽略，但对于航空影像而言，其摄影高度一般只有 1000~3000m，无人机平台摄影高度更低，所获取的影像分辨率更高，摄影角度对所获取影像的影响是很明显的，尤其是城市地区的影像。比如在重叠区域内，不同影像中建筑物等会向不同的方向"倾斜"，阴影区域的面积也相差较大，即不同影像由于摄影角度的不同所拍摄的影像内容已经存在差别。同时，由于摄影高度比较低，摄影角度、摄影时间以及光照条件等的差异会使影像中存在一些特殊区域，这些区域在不同影像上呈现出不同的特征，比如水域在太阳的照射下存在的镜面反射现象，这可能使获取的影像中存在亮斑区域，而且由于摄影角度的差异，不同影像上太阳闪烁区域的位置、大小等也存在差异。由于这些情况的存在，使得航空影像的匀色处理变得更为复杂，一方面会影响到在重叠区选取反映影像间关系的像素样本，另一方面，它们使影像之间更多地表现出一种非线性关系。

对于航空影像间的匀色处理，万晓霞等（2002）在 HSV 空间基于重叠区采用均值方差法调节影像间的色调；易尧华等（2003）为了减小处理顺序可能导致的误差的空间传递和积累，采用了基于四叉树的多次调整方法；潘俊（2005）、王密等（2006）针对无缝影像数据库相邻影像间重叠区小的特点，基于 Wallis 滤波器，提出了一种兼顾整体与局部的色彩平衡方法；李志江等（2005）采用全局 Wallis 变换对相邻影像进行色调匹配；Xandri 等（2005）则通过使重叠区影像具有尽可能一致的均值和方差的方法来消除不同航空影像间的亮度、色彩差异。为了解决误差累积问题，近年来一些学者在对航空影像处理时，采用了空三平差的方法，例如基于简单线性关系的平差处理（孙明伟，2009），以及将大气校正、双向反射分布函数校正等模型与基于统计的调整集成在一起进行的平差处理（Paparoditis 等，2006；Chandelier 等，2009；González-Piqueras 等，2010；López 等，2011）。

总的来说，结合航空影像的成像特点，考虑所获取的影像中由太阳照射引起的阴影、镜面反射引起的亮斑等现象，以及摄影角度差异引起影像内容的显著差异，是航空影像匀色处理需要着重考虑的因素。考虑到航空影像中的一些特殊区域会影响处理的效果，本章航空影像匀色处理流程如图 2-1 所示，在进行匀色处理时，对于存在特殊区域的影像，首先进行特殊区域的自动检测，然后将这些特殊区域排除在外。另外还需要说明的是，单幅影像的匀色处理是影像间匀色处理的基础，要消除影像间的亮度、色彩差异现象，必须首先消除单幅影像内部的亮度、色彩差异现象。

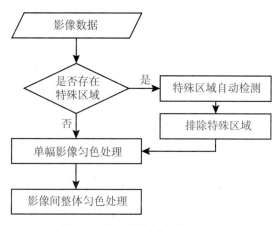

图 2-1　航空影像匀色处理流程

2.2　单幅影像匀色处理

由于第一章所分析的航空影像受各种因素的影响，因此它呈现出以下几个特点：光照最强处不一定是影像的几何中心点；影像亮度以及反差的分布是不均匀的；不均匀的影像亮度、反差的分布是不规则的，存在一些不规则的亮度变化和孤立的亮度变异。对于多波段影像，亮度、反差等差异同时往往也伴随着色彩差异。为了消除航空影像中单幅影像不同部分存在的亮度、色彩等差异，本节基于传统的光学晒印中马斯克（Mask）匀光原理，提出了一种基于 Mask 的单幅影像匀色处理方法；并针对 DMC 影像存在的亮度、色彩差异现象，在分析成因与特点的基础上，采用分层策略，提出了一种基于过渡区域自动定位的处理方法。

2.2.1　基于 Mask 的单幅影像匀色处理

匀光技术源于像片的晒印。由于不均匀光照现象的影响，在晒印像片时，便产生负片透明处曝光量多，不透明处曝光量少，使得像片上较大密度和较小密度都过多的出现，导致照度不均匀。匀光技术就是在晒印像片时，通过对曝光过强和曝光过弱的地方进行补偿，从而获得照度均匀的光学像片。

马斯克匀光法又称模糊正像匀光法，它是针对光学像片的晒印提出来的。它是用一张模糊的透明正片作为遮光板，将模糊透明正片与负片按轮廓线叠加在一起进行晒像，便得到一张反差较小而密度比较均匀的像片；然后用硬性相纸晒印，增强整张像片的总体反差；最后得到晒印的光学像片。

图 2-2 是马斯克匀光法的基本原理。图中 $\Delta D_负$ 是原始负片影像反差，$\Delta D_模$ 是模糊透明正片影像反差，ΔD 是原始负片与模糊透明正片叠加后的影像反差，$\Delta D_正$ 是叠加后用硬性相纸晒印的像片影像反差，$\delta_{\Delta D}$ 是负片与模糊透明正片叠加后的相邻细部影像反差，$\delta_{\Delta D_正}$ 是用硬性相纸晒印后的相邻细部影像反差。负片与模糊透明正片叠加在一起的影像的反差为：

$$\Delta D = \Delta D_负 + (-\Delta D_模) = \Delta D_负 - \Delta D_模 \tag{2-1}$$

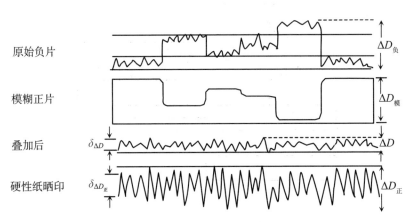

图 2-2　马斯克匀光法的基本原理

马斯克匀光法不仅可以保证不减小整张像片的总体反差，而且还可以使像片中大反差减小，小反差增大，得到反差基本一致、相邻细部反差增大的像片，因此，对于光学影像的晒印，该方法可以有效地消除不均匀光照现象，在实际的像片晒印过程中得到了广泛的应用。

根据马斯克匀光的原理，对存在不均匀光照的数字航空影像可采用如下公式进行描述：

$$I'(x, y) = I(x, y) + B(x, y) \tag{2-2}$$

式中：$I'(x, y)$ 表示不均匀光照的影像，$I(x, y)$ 表示理想条件下受光均匀的影像，$B(x, y)$ 表示背景影像。根据上面的公式，不均匀光照的影像可以看成是由受光均匀的影像叠加了一个背景影像的结果，获取的影像之所以存在不均匀光照现象或亮度、色彩差异现象，是由背景影像的不均匀造成的。如果能够模拟出背景影像，将其从原影像中减去，就可以得到受光均匀的影像，从而消除单幅影像存在的亮度、色彩差异现象。基于 Mask 的单幅影像匀色流程如图 2-3 所示。

输入影像与获得的背景影像的相减运算可表示为：

$$I_{out} = I_{in} - I_{blur} + \text{offset} \tag{2-3}$$

式中 offset 是偏移量，之所以加上一个偏移量，是为了使处理后影像的像素灰度值分布在

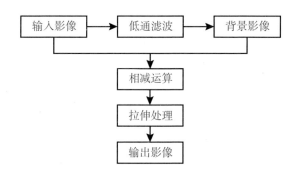

图 2-3 基于 Mask 的单幅影像匀色流程

合理的动态范围内。同时，偏移量的值决定了结果影像的平均亮度。如果要保持原影像的平均亮度，则偏移量可取原影像的亮度均值。

从频率域角度考虑，在一幅影像中，高频空间信息表现为像素灰度值在一个狭小像素范围内急剧变化，而低频空间信息则表现为像素灰度值在较宽像素范围内逐渐改变。高频信息包括边缘、细节以及噪声等；低频信息则包括背景（通常表现为在整幅影像内阴影的逐渐变化）等（冈萨雷斯，2002）。背景影像主要包含原影像中的低频信息，将原影像与背景影像做相减运算也就去除了原影像中的一些低频信息，产生了一张主要包含高频信息的影像。再对得到的影像进行拉伸处理时，则主要起到了增强高频信息的作用。整个处理过程在抑制低频信息的同时，增强了高频信息。这样处理后，结果影像各像素灰度值与原影像中各部分像素的灰度值的变化快慢（即频率域中的频率）密切相关，而与像素灰度值大小并无太大关系。灰度值的变化快慢主要取决于地物的反差，于是对于原影像中那些偏亮或者偏暗的部分，尽管灰度值偏高或者偏低，但灰度值的变化快慢基本一致，所以通过这种处理基本就可以消除影像的不均匀光照现象。

1. 背景影像的生成

背景影像的生成是单幅匀色处理流程的一个关键步骤，其生成的质量直接影响最终的匀色效果。考虑到影像不均匀的亮度和反差分布是不规则的，很难用数学模型来描述，所以背景影像的生成采用低通滤波的方法来实现。由于代表影像色调和亮度的变化位于影像的低频部分，因此，通过低通滤波的方法获取的影像的低频部分可以作为近似背景影像，反映影像背景照度的变化（Pilu 等，2002）。

采用低通滤波的方法来获得近似的背景影像，合适的低通滤波器的选取是至关重要的。由于要将滤波后的影像作为背景影像，而背景影像只反映影像的亮度变化，并不表达影像的细节信息，因此，滤波器的尺寸通常较大。对于大尺寸滤波器的选取考虑的主要因素是滤波器的空间域误差和频率域误差。首先，因为观察景物中的变化一般都要在空间上定位，所以滤波器在空间上要平稳，空间位置误差要小。其次，低通滤波器本身是一个带通滤波器，这个通带限制了灰度变化的范围，所以也要求滤波器在这个有限的通带内是平稳的，频域误差要小。然而，这两个分别来自空间域和频率域的要求是相互冲突的。如果

设空间域误差为 Δx，频率域误差为 Δw，信号理论上有描述它们关系的公式：

$$\Delta x \cdot \Delta w \geqslant \frac{1}{4\pi} \qquad (2\text{-}4)$$

最佳滤波器的选择，就是要最佳化这个关系。在空间域中，典型的低通滤波器有均值滤波器、高斯滤波器和中值滤波器等（Pilu 等，2002）。目前来看，只有高斯滤波器可以同时在空间域和频率域达到最佳（王润生，1995），故选用高斯滤波器作为低通滤波的滤波器来生成背景影像。在选定滤波器以后，另一个需要考虑的问题是滤波器尺寸的大小。由于原影像要与背景影像进行相减运算，背景影像所包含的信息会从原影像中去除，滤波器尺寸的大小选取不当会导致较多的信息丢失。因此，滤波器尺寸的大小同样也是计算背景影像的一个主要参数，它也决定着背景影像的生成质量。由于背景影像只反映影像的亮度变化，不表达细节信息，这就要求滤波器能够将反映细节的信息滤掉，因此滤波器尺寸与影像的内容有关；对地物性质不同、分辨率不同的影像，滤波器的尺寸也是不同的。因此滤波器尺寸的选取是一个复杂的问题，本节在实验的基础上给出了滤波器经验值，同时将滤波器尺寸大小作为一个匀色参数，在实际操作中可以由用户调节。

2. 结果影像拉伸

由于输入影像与背景影像的相减运算会使整张影像灰度值的动态范围变小、总体反差变小，因此为了增大相邻细部反差，同时提高整张影像的总体反差，需要对相减的结果影像进行拉伸处理，这个过程与马斯克匀光的最后用硬性相纸晒印的过程类似。采用如下对比度拉伸的方法来处理（以 8 位图像为例），即将灰度值范围同时向两端延伸：

$$\text{output} = \begin{cases} \dfrac{255 \times \text{input}}{255 - 2 \times \text{value}} - \text{value} & \text{if} \quad \text{value} > 0 \\[3mm] \dfrac{\text{input} \times (255 + 2 \times \text{value})}{255} - \text{value} & \text{if} \quad \text{vlaue} < 0 \end{cases} \qquad (2\text{-}5)$$

其中，value 为对比度拉伸参数，取值范围为（-127，127），处理后 output 的值如果小于 0，则令其为 0；如果大于 255，则令其为 255。经过拉伸后的影像即是经过匀光处理后的结果影像。当然也可以采用其他拉伸方法，比如以输入影像的最大值、最小值为参照，进行线性拉伸。

3. 实验结果及分析

由于涉及影像的色调和亮度，对匀光处理结果的评价是一个主观性很强的问题，目前还没有一个统一的客观评价标准。实验中遵循处理结果要反差适中、图像清晰、信息丰富、便于目视解译的原则，尽量不改变原影像总体色调，保持原影像的平均亮度，只对原影像做适量的增强，不过分增大影像反差，并且增强时尽量保持原影像信息不丢失（杨文久等，1994）；同时，从定性和定量两个方面来进行分析。定性方面，主要采用目视判读的方法来分析；定量方面，考虑到均值可以反映亮度变化，而平均梯度可以反映影像中微小细节反差与纹理变化特征，同时也表达影像的清晰度，因此主要结合均值、平均梯度等统计参数来分析（王智均等，2000；李德仁等，2000）。图 2-4 给出了一个单幅影像匀色处理的实例，该实例中背景影像生成时滤波器尺寸为 80，影像对比度拉伸参数为 10。

（a）原始数字彩色航空影像

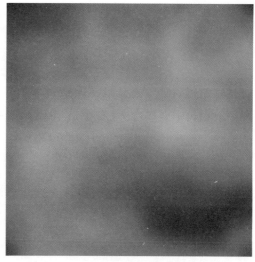

（b）近似背景影像

（c）影像（a）与影像（b）相减后的影像

（d）对影像（c）拉伸后的影像

图 2-4 单幅影像匀色处理实例

（1）定性方面。从目视的结果看，图 2-4（a）原影像左上角和右下角亮度明显偏低，地物的色调也出现了偏离现象，同种地物与其他部分相比呈现出了不同的色调，而中间部分则亮度偏高。经处理后，图 2-4（d）影像则基本消除了不均匀光照现象，影像各部分亮度已经趋于一致，极大地改善了原影像的目视效果：左上角和右下角亮度偏低的情况已经得到极大改善，色调偏离的情况也已经基本消除，影像中同种地物色调基本一致；中间部分亮度偏高的情况也得以减弱；而且影像整体亮度以及色调均基本保持不变。同时，还可以看到，虽然图 2-4（a）影像在处理时四角的框标没有去掉，但这并没有影响到最终的处理结果，这说明这种方法适应性很强，能够避免影像中的一些不规则的亮度变化和孤立的亮度变异造成的影响。

（2）定量方面。表 2-1 比较了图 2-4(a)原始影像与它匀光后的影像图 2-4(d)的 5 个局部部分以及整体的均值、平均梯度等统计参数。平均梯度采用如下公式计算(李德仁等，2000)：

$$\nabla \overline{G} = \frac{1}{MN} \sum_{i=1}^{M} \sum_{j=1}^{N} \left[\Delta_x f(i,j)^2 + \Delta_y f(i,j)^2 \right]^{\frac{1}{2}} \tag{2-6}$$

式中，$\Delta_x f(i,j)$，$\Delta_y f(i,j)$ 分别为像素 (i,j) 在 x，y 方向上的一阶差分值。5 个局部部分分别对应影像的左上角、右上角、左下角、右下角和中部，局部影像的大小均为 256 × 256 像素。从表中的统计数据可以看出，图 2-4(a)影像中左上和右下部分每个通道的均值都明显偏低，而右上和中间部分则明显偏高，处理后图 2-4(d)影像各部分每个通道的均值基本趋于一致，而且结果影像基本保持了原影像的均值；同时，影像各个局部和整体的平均梯度值都比原影像有所提高，这说明影像无论是相邻的细部反差，还是影像的总体反差都得到了一定程度的增强。

表 2-1　　　　　　　　　　　图 2-4 中影像(a)与影像(d)各部分统计参数比较

		通道	均值	平均梯度		通道	均值	平均梯度
影像(a)	左上	红	116.75	26.11	影像(d)	红	124.95	28.96
		绿	104.45	39.56	左上	绿	115.95	43.66
		蓝	109.68	29.21		蓝	118.25	32.41
	右上	红	144.81	31.19		红	126.51	34.62
		绿	146.39	41.06	右上	绿	117.99	45.21
		蓝	147.61	30.41		蓝	119.95	33.77
	中间	红	143.86	29.34		红	126.41	32.57
		绿	146.86	35.48	中间	绿	117.80	39.36
		蓝	139.94	26.82		蓝	119.81	29.77
	左下	红	131.12	21.09		红	125.61	23.39
		绿	129.43	30.09	左下	绿	116.85	33.26
		蓝	122.22	21.51		蓝	118.53	23.84
	右下	红	92.10	22.66		红	124.91	25.12
		绿	70.14	37.87	右下	绿	115.91	41.97
		蓝	77.76	25.96		蓝	118.05	28.78
	整体	红	125.61	26.25		红	125.45	29.07
		绿	118.36	36.61	整体	绿	119.57	40.35
		蓝	119.85	27.20		蓝	118.75	30.11

2.2.2 DMC 影像匀色处理

DMC 影像的亮度、色彩差异现象比较特殊,这与 DMC 相机的构造具有密切关系。DMC 数码航空相机由 8 个同步工作的 CCD 相机组合而成:4 个多光谱相机(生成 R,G,B 和近红外影像)和 4 个全色相机(生成 4 幅具有一定重叠的高分辨率全色影像),每个 CCD 相机都有自己的镜头。多光谱相机获取的影像大小为 3000×2000 像素,4 个全色相机获取的影像大小为 7000×4000 像素,各全色影像之间具有一定的重叠度,便于生成大幅面的虚拟影像(13824×7680 像素),其中多光谱影像与大幅面的全色虚拟影像具有相同的地面覆盖范围,但是像素个数大约只有后者的 1/16(Diener 等,2000;Dörstel 等,2002;Madani 等;2004)。DMC 在完成航空飞行任务获取原始的影像数据后需要进行后处理(Post-Processing)来生成各种影像产品:首先对各镜头获取的影像进行几何和辐射校正,将四幅全色影像镶嵌并进行几何转换形成一个大幅面的虚拟影像。虚拟影像具有一个新的、虚拟的相机常量,能被看作一个理想的中心投影影像。同时,R,G,B 三个波段的影像通过颜色匹配生成真彩色影像,近红外波段则被用于生成假彩色影像。然后将虚拟影像和彩色影像进行融合生成 DMC 彩色合成(color composite)影像(Hinz 等,2000;Heier 等,2002;Dörstel 等,2003)。

通常由后处理软件包生成的 DMC 彩色合成影像(通过 DMC 相机获取影像数据之后,通常提供给用户的是 DMC 彩色合成影像,因此以下将 DMC 彩色合成影像简称为 DMC 影像)具有很好的影像质量,但在某些特殊情况下,4 个面阵 CCD 镶嵌过程没有完全消除 CCD 影像间的辐射差异,从而使其仍然存在亮度、色彩差异。主要表现在两个方面,一方面是各 CCD 的影像仍然存在不同程度的差异,这可以通过单幅影像匀色处理方法进行处理;另一方面 CCD 影像间的过渡区域仍然存在亮度、色彩差异现象,主要表现为亮度、色彩过渡不平滑,由于 DMC 影像是几个小 CCD 影像镶嵌与融合的结果,不存在明显的接缝,所以通常镶嵌处理中的接缝消除算法不再适用(比如 Milgram,1975;Burt 等,1983;Afek 等,1998;Levin 等,2004;Zomet 等,2006),因此本节提出了一种基于过渡区域自动定位的处理方法来消除这种亮度、色彩差异现象。需要指出的是,对于同时存在这两方面亮度、色彩差异问题的 DMC 影像,即在过渡区域内存在亮度、色彩差异现象,在 CCD 影像间也存在不同程度的亮度、色彩差异,需要首先消除过渡区域的亮度、色彩不平滑现象,然后再进行单幅影像匀色处理,下面着重阐述 DMC 影像过渡区域色彩不平滑现象的处理方法。

1. 亮度色彩不平滑现象分析

存在亮度、色彩不平滑现象的 DMC 影像在过渡区域附近像素值的分布曲线的示意图如图 2-5 所示,一共有 3 种不同情况。图 2-5(c)表示亮度、色彩平滑的情况,当然这种情况不需要再进行处理;图 2-5(a)和(b)分别表示两种亮度、色彩不平滑的情况。图 2-5 中,曲线表示过渡区域附近像素值的分布情况,A,B 两点之间的区域为过渡区域,O 点为拼接线所在位置,Δg 表示在过渡区域附近 CCD 影像之间存在的辐射差异。总的来说,这种亮度、色彩不平滑现象发生在一个较宽的区域,过渡区域附近像素值的分布具有对称性。

这种现象的另一个特点是情况的复杂性。在实际影像中,图 2-5 中所示的 3 种情况可能同时出现在同一过渡区域的不同部分中，即在同一过渡区域内，某些部分可能是图 2-5 (a)所示的情况，某些部分可能是图 2-5(b)所示的情况，而某些部分又可能是图 2-5(c)所示的情况。

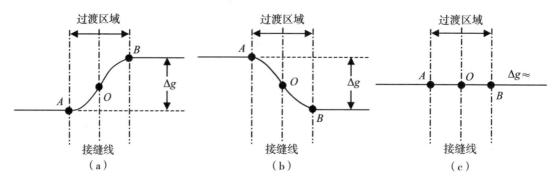

图 2-5　过渡区域附近像素值分布曲线示意图

导致这种现象的因素有很多。比如不同相机的 CCD 在成像时响应存在的差异性，同一相机的 CCD 不同部分的响应存在的差异性，外在的成像条件的影响等，而在后处理过程中又没有能够完全消除这些影响。

实际上多光谱通道的影像并不存在问题，这种现象完全是由全色虚拟影像的生成所引起的，并进而影响了随后的融合处理，使最终生成的 DMC 影像存在这种亮度、色彩不平滑现象。在大幅面的全色虚拟影像的生成过程中，如果辐射校正处理效果不佳，4 幅全色影像就会存在辐射差异。很多因素会导致全色影像之间存在辐射差异，这些因素包括：

(1)有缺陷的像元，包括暗像元和丢失的像元；

(2)不同 CCD 像元对于亮度的敏感度差异；

(3)透镜和孔径效应；

(4)时间延迟积分(TDI)效应；

(5)暗电流效应，影像数据在 CCD 中存留的时间越久像素值越大；

(6)不同 CCD 相机响应差异；

(7)由于倾斜焦平面导致的不同 CCD 影像不同的拍摄角度和光照条件。

为了形成大幅面的全色虚拟影像，每个全色相机获取的影像首先基于相机检校参数进行辐射校正。然而相邻的全色影像之间仍然会存在辐射差异，因此需要进行平台辐射校正(platform radiometric calibration)。在进行平台辐射校正时，首先生成影像重叠区域像素的直方图，然后在镶嵌处理的过程中，利用生成的直方图来计算优化的亮度值(Diener 等，2000；Heier 等，2002)。但是由于 4 幅全色影像之间的重叠区域很小，由重叠区域生成的局部直方图信息可能并不能反映整幅全色影像之间的辐射差异。这种情况下，平台辐射校正将不能消除全色影像之间的辐射差异。这时如果在一个相对较窄的范围内改正这种差异，将导致最终的 DMC 影像上产生亮度、色彩不平滑现象。

2. 处理思路

DMC 影像是几个 CCD 影像的镶嵌和融合结果，其镶嵌处理过程如图 2-6 所示，其中的几何处理过程如图 2-6(a)所示(Tang 等,2000;Madani 等,2004)。图 2-6(a)中虚线矩形区域表示 DMC 影像的范围,中间的几个相互交错的多边形区域表示连接点区域。通过分析 DMC 影像,假定镶嵌的辐射处理过程如图 2-6(b)所示。图 2-6(b)中每两个相邻的 CCD 影像之间的矩形区域表示一个过渡区域,过渡区域中间的虚线表示该过渡区域内的拼接线。一幅 DMC 影像一共有 4 个过渡区域和 4 条拼接线。镶嵌时,在拼接线左侧区域,取左影像的像素值;在拼接线右侧区域,取右影像的像素值;在过渡区域内,通过羽化等处理在亮度、色彩上获得一个平滑的过渡。

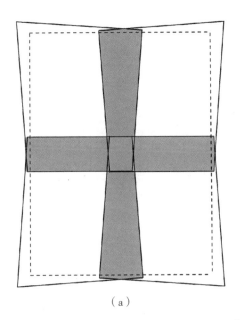 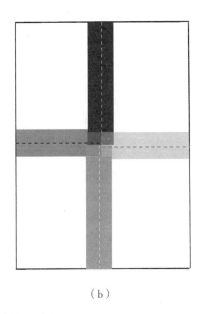

(a) (b)

图 2-6 DMC 影像的镶嵌处理过程

设 I_1,I_2 分别表示左、右 CCD 影像,W 表示镶嵌处理的权函数,Δg 表示过渡区域附近 CCD 影像之间存在的辐射差异;R_L,R_T,R_R 分别表示左影像区域、过渡区域和右影像区域。则镶嵌处理可以用如下公式表示(Burt 等,1983;Hsu 等,1996):

$$I = \begin{cases} I_1(x,\ y) & (x,\ y) \in R_L \\ I_1(x,\ y) + W(x,\ y) \cdot \Delta g & (x,\ y) \in R_T \\ I_2(x,\ y) & (x,\ y) \in R_R \end{cases} \qquad (2-7)$$

式中,$0 \leq W(x,\ y) \leq 1$,I 是镶嵌结果。如果能确定拼接线和过渡区域的具体位置,得到辐射差异 Δg,就可以对影像进行重建,从而消除 CCD 影像间存在的辐射差异。其中,最关键的步骤是确定过渡区域和拼接线的位置,这是因为:

(1)它们并没有与 DMC 影像存放在一起,对于用户而言是未知的,而且对于不同的影像,位置也是不同的;

（2）它们是计算 CCD 影像间存在的辐射差异所必需的；

（3）它们是改正 CCD 影像间存在的辐射差异所必需的。

然而，在 DMC 影像中并不存在明显不连续的地方，存在的辐射差异也发生在一个相对较宽的区域内，所以不能直接确定过渡区域和拼接线的位置。因此采用了间接的方法，在确定过渡区域位置的基础上来确定拼接线的位置。如图 2-5（a）和（b）所示，在过渡区域内，像素值的分布曲线是一个中心对称曲线，拼接线的位置就是对称中心，因此确定了过渡区域的位置之后，其中点就是拼接线的位置。

下面分析过渡区域定位的可行性。过渡区域的具体位置采用边缘检测原理来确定。理想的边缘存在不连续的地方，即在较窄区域发生的急剧变化。边缘检测算子能够利用一阶导数极值或二阶导数过零点的性质检测出在较窄区域发生的具有阶跃状和屋顶状等变化的边缘，但是由于拼接线附近灰度值分布的阶跃状变化发生在一个较宽的区域（即过渡区域）内，因此不能直接采用边缘检测算子来定位。

考虑到地物的连续性，而且各相机的全色影像在镶嵌处理前都经过了辐射校正，因此理想情况下，公式（2-7）中的 I_1 和 I_2 可以看成是两个具有不同"高度"的灰度平面。由于亮度、色彩过渡不平滑现象只是发生在垂直于拼接线的方向上，因此可以将二维问题进行简化，以便于处理。设 $I_1(x) = a_1$，$I_2(x) = a_2$，则有 $\Delta g = a_2 - a_1 \neq 0$，则在一维情况下，设 A，B 点处坐标分别为 x_A，x_B，由公式（2-7）有：

$$I = \begin{cases} a_1 & x < x_A \\ a_1 + W(x) \cdot (a_2 - a_1) & x_A \leqslant x \leqslant x_B \\ a_2 & x_B < x \end{cases} \quad (2\text{-}8)$$

根据 Meunier 等（2000），基于多项式的权函数被用于模拟亮度、色彩过渡：

$$W(x) = \frac{(x - x_A)^n}{(x - x_A)^n + (x_B - x)^n} \quad (2\text{-}9)$$

设 $w = x_B - x_A$，$u = (x - x_A)/w$，则式（2-8）可以被简化为：

$$W(u) = \frac{u^n}{u^n + (1 - u)^n} \quad (2\text{-}10)$$

当 $n = 1$ 时，$W(u) = u$。这时权函数 W 即为一个线性函数，这与镶嵌处理中最简单的权函数是一致的（Milgram，1975；朱述龙等，2002）。又由于当 $x = x_A$ 时，$W(x) = 0$，当 $x = x_B$ 时，$W(x) = 1$，则 I 可导，其导数可以被表示为：

$$\frac{\partial I}{\partial u} = \begin{cases} 0 & u < 0 \\ a_2 - a_1 & 0 \leqslant u \leqslant 1 \\ 0 & 1 < u \end{cases} \quad (2\text{-}11)$$

显然，在点 A 和点 B 处，$\dfrac{\partial I}{\partial u}$ 不连续，不可导，A，B 点为其跳跃间断点。

当 $n = 2$ 时，$W(u) = \dfrac{u^2}{u^2 + (1 - u)^2}$。则 I 的一阶导数可表示为：

$$\frac{\partial I}{\partial u} = \begin{cases} 0 & u < 0 \\ (a_2 - a_1)(-2u^2 + 2u) / (2u^2 - 2u + 1)^2 & 0 \leqslant u \leqslant 1 \\ 0 & 1 < u \end{cases} \qquad (2\text{-}12)$$

显然，$\dfrac{\partial I}{\partial u}$ 可导，故 I 的二阶导数可表示为：

$$\frac{\partial^2 I}{\partial u} = \begin{cases} 0 & u < 0 \\ (a_2 - a_1)(8u^3 - 12u^2 + 2) / (2u^2 - 2u + 1)^3 & 0 \leqslant u \leqslant 1 \\ 0 & 1 < u \end{cases} \qquad (2\text{-}13)$$

显然，在点 A 和点 B 处，$\dfrac{\partial^2 I}{\partial u}$ 不连续，不可导，A，B 点为其跳跃间断点。

同理可得，当 $n=3$ 时，在点 A 和点 B 处，$\dfrac{\partial^3 I}{\partial u}$ 不连续，不可导，A，B 点为其跳跃间断点；当 $n=4$ 时，在点 A 和点 B 处，$\dfrac{\partial^4 I}{\partial u}$ 不连续，不可导，A，B 点为其跳跃间断点。对于 n 的其他取值，可以得到同样的结论。在实际应用中，n 的取值通常在 3 至 4 之间，可以取得最好的效果。n 的取值越大，影像之间的过渡就会越生硬，不够平滑（Meunier 等，2000）。

综上所述，无论权函数中参数 n 的取值如何，在点 A 和点 B 处，I 的 n 阶导数都不可导。也就是说，I 的 n 阶导数在点 A 和点 B 处必然存在不连续的情况，据此可确定出 A，B 点的具体位置。A，B 点之间的区域即为过渡区域，A，B 间的中点即为拼接线所在的位置。过渡区域定位示意图如图 2-7 所示，其中图 2-7（a）和（b）分别对应于 $n=1$ 和 $n=2$ 的两种情况。需要指出的是，上面的证明是基于连续分布的，但是影像是离散的，过渡区域附近的像素值的分布曲线也是在离散情况下获得的，因此导数计算由差分替代。

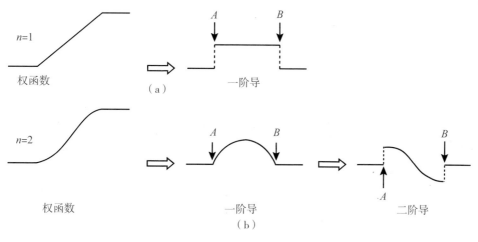

图 2-7　过渡区域定位示意图

21

因此，确定过渡区域位置，并在此基础上确定拼接线的位置是可行的，据此可消除 DMC 影像存在的亮度、色彩不平滑现象。完整的处理流程如图 2-8 所示，主要由基于分层策略的自动定位，CCD 影像间的整体重建，以及过渡区域的局部重建三个主要步骤组成。由于在一幅 DMC 影像中，一共有 4 个过渡区域，因此基于分层策略的自动定位以及随后的 CCD 影像间的整体重建和过渡区域的局部重建需要在每个过渡区域内分别进行。

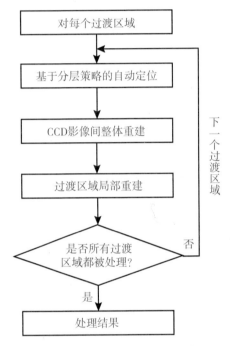

图 2-8　DMC 影像亮度、色彩不平滑现象处理流程

3. 基于分层策略的自动定位

如图 2-5 所示，三种可能的情况可能发生在同一过渡区域的不同部分，这使得自动定位变得困难。但在一个过渡区域内的一部分，只存在一种可能，这样就可以使问题简化。基于这种认识，过渡区域被分割成小块，在每个影像块内分别检测过渡区域和拼接线的位置。

另一方面，通过分析彩色 DMC 合成影像，CCD 影像间的拼接线可以视为一条垂直或者水平的直线。地物的变化可能会破坏过渡区域内像素值的相似性，并影响过渡区域内像素值的分布曲线。因此取与拼接线平行的影像行或者影像列的像素值均值来计算初始的一维分布曲线。为了获得更稳定的一维分布曲线，需要对初始的一维分布曲线进行平滑处理。

在采用边缘检测原理来确定过渡区域的位置时，考虑到 DMC 影像这种亮度、色彩不平滑现象主要是由大幅面的全色虚拟影像造成的，因此，将亮度通道影像作为定位处理的影像。为了增强方法的稳健性，自动定位处理采用了分层处理策略，具体步骤如下：

(1)将每两幅相邻 CCD 影像之间一定宽度范围的影像区域作为搜索区域，计算搜索区域的亮度通道影像，将其作为定位处理的单波段影像。

（2）将搜索区域的亮度通道影像分割成大小相等的小块，每个小块包含一小段拼接线，分割的示意图如图 2-9 所示。

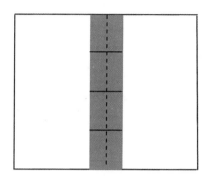

图 2-9　搜索区域分割示意图

（3）计算搜索区域亮度通道影像的金字塔影像。

（4）取平行于拼接线的影像行或列的平均值来获得每个金字塔影像层每一影像块的初始的像素值分布曲线，由于像素值的分布曲线是在离散情况下获得的，为了获得更平滑的分布曲线，对获得的初始的像素值分布曲线进行一维均值滤波。然后计算分布曲线的二阶差分。

（5）利用二阶差分在每个影像块中检测过渡区域的位置。检测处理在金字塔影像层中由上而下依次进行，首先在分辨率最低的顶层影像层中进行，在分布曲线的二阶差分中搜索最大值和最小值，它们的位置即为过渡区域的位置。对随后的影像层，将上一层搜索得到的位置作为初始的位置，在初始位置附近小范围内搜索更准确的位置。过渡区域检测的一个实例如图 2-10 所示。

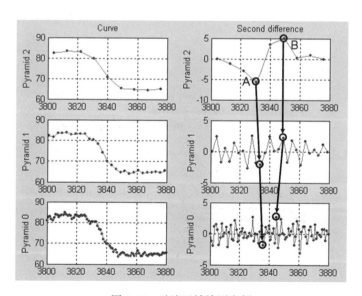

图 2-10　过渡区域检测实例

23

设 M_L 和 M_R 分别表示过渡区域左右一定范围的影像均值，δ 表示判断某影像块属于图 2-5 所示哪一种情况的阈值（$\delta>0$），则搜索规则如下：

①如果 $(M_L-M_R)<-\delta$，该影像块属于图 2-5(a)所示的情况。则在分布曲线的二阶差分中，在过渡区域初始位置的起始位置附近搜索最大值，在初始位置的结束位置附近搜索最小值。最大值最小值对应的位置就是当前影像层影像块中过渡区域的位置。

②如果 $(M_L-M_R)>\delta$，该影像块属于图 2-5(b)所示的情况。则在过渡区域初始位置的起始位置附近搜索最小值，在初始位置的结束位置附近搜索最大值。

③如果 $(M_L-M_R)<\delta$，该影像块属于图 2-5(c)所示的情况。则该影像块被忽略。

（6）采用投票策略来确定过渡区域的最终位置。统计各影像块检测得到的过渡区域的位置，将出现频率最高的位置作为过渡区域的最终位置，过渡区域中间的位置即为拼接线的位置。

4. CCD 影像间整体重建

CCD 影像间的整体重建在一个较大的尺度上进行，在过渡区域两侧一个较宽的范围内，对 DMC 影像进行重建，消除 CCD 影像之间存在的辐射差异，具体步骤如下：

（1）计算 CCD 影像之间存在的辐射差异。如图 2-5 所示，过渡区域两侧一定大小区域内计算的影像均值的差值即为 CCD 影像之间存在的辐射差异 Δg。

（2）采用线性方法消除 CCD 影像之间的辐射差异。为了获得更平滑的亮度、色彩过渡，辐射差异用较宽的区域来改正，改正值随像素和拼接线之间的距离变动，距离拼接线越近的像素改正值越大；在拼接线处，改正值为 $\Delta g/2$。这与一些镶嵌算法中的接缝消除算法相似（Milgram，1975；Zhu 等，2002）。

CCD 影像间的整体重建的一维示意图如图 2-11 所示，其在拼接线两侧宽度为 L 的范围内分别进行，虚线表示处理前拼接线附近像素值分布情况，实线表示处理后拼接线附近像素值的分布情况。由于处理前影像在拼接线附近像素值的分布是连续的，所以大尺度虽然在整体上会消除 CCD 影像间的辐射差异，但在过渡区域的局部范围，它将打断原有像素值的连续性，在拼接线处形成新的"接缝"。

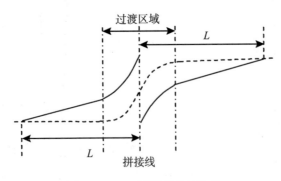

图 2-11 CCD 影像间整体重建

5. 过渡区域局部重建

过渡区域的局部重建是在 CCD 影像间的整体重建的基础上进行的，在过渡区域内，它将消除整体重建形成的新"接缝"，从而彻底消除 DMC 影像存在的亮度、色彩过渡不平滑现象，其关键问题是得到恰当的改正值。

过渡区域局部重建的一维示意图如图 2-12 所示，设 $\Delta g'$ 表示 A，B 两点之间的辐射差异(A，B 两点之间的区域为过渡区域)，$f(x)$ 表示"打断"处理之后的像素值的分布曲线，又设在 A 点有 $f(x_A)=y_A$，在 B 点有 $f(x_B)=y_B$。因为采用线性的方法，所以在一维情况下，过渡区域内期望影像的像素值的分布曲线是一条直线，斜率为 $\Delta g'/(x_B-x_A)$；又由于 A 点在直线上，所以一维情况下期望影像 I_E 可表示为：

$$I_E = \frac{(x-x_A)\Delta g'}{x_B - x_A} + y_A \tag{2-14}$$

设 I_B 表示处理后的影像，则各像素的改正值即为：$I_E - I_B$。通过这种方法就可以获得恰当的改正值。

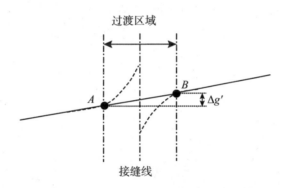

图 2-12　过渡区域局部重建

6. 实验与讨论

用于实验的 DMC 影像是由 DMC 的后处理软件包生成的，影像大小为 7680×13824 像素。图 2-13 给出了一个典型的存在亮度、色彩不平滑现象的 DMC 影像的处理效果，包括处理结果以及六个区域的细节图。自动定位是在亮度通道进行的，随后的影像重建则是在 R，G，B 三个通道分别进行的。图 2-13(a) 是处理前的影像，可以看出 CCD 影像之间的亮度、色彩不够平滑，同种地物在过渡区域附近呈现出不同的颜色。图 2-13(b) 是本节方法的处理结果，图 2-13(i)~(m) 分别为图 2-13(c)~(g) 在结果影像中对应的区域，它们显示了处理效果的细节。

处理效果分别从定性(目视判别)和定量(统计参数)两个方面来评价。在定性方面，通过处理前后的影像对比以及细节影像的对比，可以看出，经过处理后，原影像中明显的亮度、色彩不平滑现象已经被消除了，同种地物的亮度、色彩也趋于一致，影像质量得到了明显的改善。需要注意的是，本节的方法也可能会使局部 DMC 影像的像素值失真。图

2-13(h)和图 2-13(n)给出了一个例子,存在失真的区域已经被标记。可以看到,屋顶的像素值在处理后存在失真现象,出现了不一致。在定量方面,给出了处理前后同种地物特征像素值差异的统计情况。如表 2-2 所示,在过渡区域附近选取了 40 个地物采样点对,每个采样点对代表了一种地物特征。这些采样点对包含了各种地物类型,如道路、房屋、树木、草地、裸地、水域以及耕地等。为了数据的可靠性,采样点对的像素值差异通过计算采样点邻域均值的差来获得,每个通道分别计算。从表 2-2 可以看出,大部分采样点对的像素值差异被明显减小到了一个很小的值,不过表 2-2 中有 3 个采样点对的像素值差异没有得到有效的减小,它们的像素值出现了失真现象。总的来说,尽管算法具有使部分区域出现像素值的失真现象,但是这种情况并不多见,过渡区域存在的主要的辐射差异已经被消除了,实验取得了成功,这也验证了算法的可行性和效果。

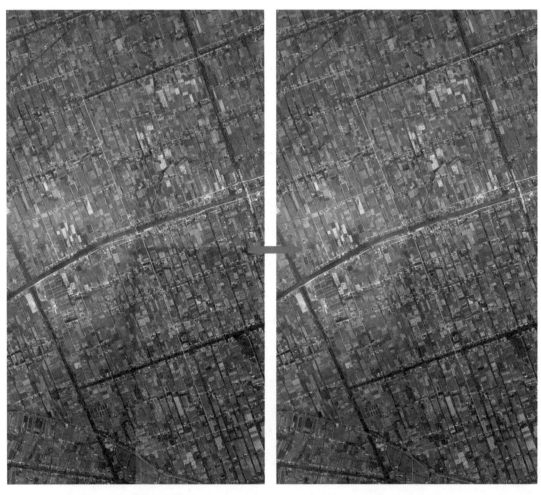

(a) 处理前 DMC 影像   (b) 处理结果

图 2-13 DMC 影像亮度、色彩不平滑现象处理效果(1)

（c）原始影像中区域细节(1) 　　　（i）结果影像中区域细节(1)

（d）原始影像中区域细节(2) 　　　（j）结果影像中区域细节(2)

（e）原始影像中区域细节(3) 　　　（k）结果影像中区域细节(3)

图 2-13　DMC 影像亮度、色彩不平滑现象处理效果(2)

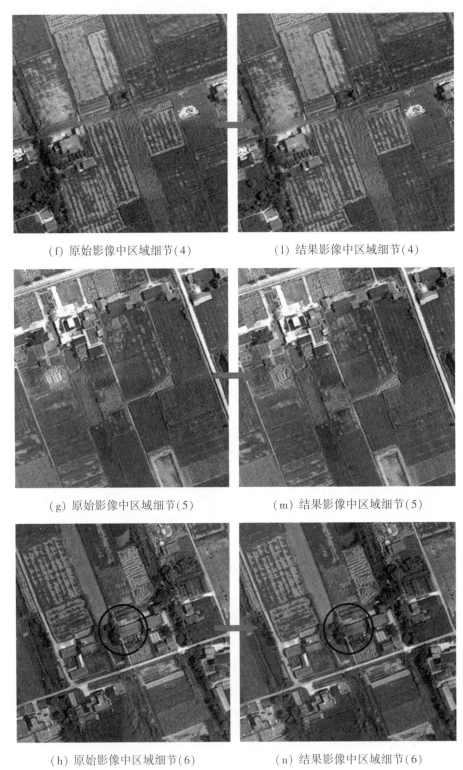

（f）原始影像中区域细节（4）　　　（1）结果影像中区域细节（4）

（g）原始影像中区域细节（5）　　　（m）结果影像中区域细节（5）

（h）原始影像中区域细节（6）　　　（n）结果影像中区域细节（6）

图 2-13　DMC 影像亮度、色彩不平滑现象处理效果（3）

表 2-2 处理前后同种地物像素值差异统计

采样点 pairs	原影像			结果影像		
	红	绿	蓝	红	绿	蓝
1	-21.60	-27.16	-43.64	2.36	1.20	-5.04
2	-20.56	-27.52	-28.88	-0.24	-1.44	4.48
3	-29.36	-39.72	-45.64	-4.52	-8.56	-1.48
4	-25.24	-35.28	-45.96	-5.24	-7.28	-6.36
5	-28.72	-33.56	-47.48	-7.00	-4.48	-6.60
6	-25.88	-31.96	-37.96	0.80	2.12	6.48
7	-31.52	-39.20	-48.08	-8.52	-7.20	-8.16
8	25.24	34.08	47.04	-2.28	-2.88	1.60
9	-28.24	-36.16	-50.56	-5.24	-3.16	-10.56
10	-8.20	-16.08	-35.56	0.80	4.00	-2.56
11	-28.56	-29.32	-30.44	-4.40	2.56	9.20
12	-37.24	-43.60	-54.72	6.08	6.16	-5.72
13	-8.96	-17.24	-24.96	-14.72	-5.72	-0.68
14	-21.36	-26.60	-35.60	-5.84	-4.24	-6.44
15	-19.88	-25.80	-33.92	-0.60	0.56	-1.00
16	-21.24	-29.00	-31.60	-1.44	-2.24	-0.08
17	10.60	17.04	15.56	16.04	11.12	1.00
18	-21.08	-21.44	-31.16	-3.20	3.80	0.52
19	-18.32	-17.56	-28.44	-2.64	2.48	-1.04
20	13.80	19.72	22.56	-7.36	-2.44	-4.32
21	-20.36	-30.12	-36.36	9.72	-1.48	1.32
22	-28.12	-27.16	-31.56	-6.52	-1.52	-1.56
23	-11.56	-22.20	-34.36	8.44	2.80	-5.36
24	29.52	14.20	13.84	35.36	13.00	4.96
25	14.36	19.20	30.00	2.28	-2.80	4.00
26	6.04	11.52	11.84	3.76	5.92	4.88
27	22.72	23.64	38.20	-7.92	-3.08	8.56
28	15.08	23.20	27.48	-4.16	2.36	0.96
29	20.60	21.96	26.20	6.36	2.00	-1.20
30	10.00	16.96	19.64	-2.68	-1.88	-3.92

采样点 pairs	原影像			结果影像		
	红	绿	蓝	红	绿	蓝
31	16.64	22.40	23.76	2.40	3.24	-1.12
32	13.84	18.88	19.12	-0.16	1.44	-1.40
33	7.72	10.40	18.36	-4.80	-5.96	-4.76
34	13.04	16.48	23.48	-3.56	-4.96	-6.08
35	24.48	20.32	27.96	8.84	1.36	2.16
36	11.96	15.40	23.36	2.12	1.88	2.80
37	15.04	23.68	26.96	1.40	3.60	-0.16
38	16.28	20.48	32.24	0.20	-1.64	2.08
39	16.56	22.72	28.44	-5.44	-5.32	-7.12
40	19.60	21.76	28.88	0.44	-0.52	-3.20

　　本节对 DMC 影像过渡区域亮度、色彩不平滑现象的处理方法是基于局部区域内的地物的像素值具有极大相关性的假定，从某种程度上说是一种相对辐射校正，旨在消除 CCD 影像之间同种地物的辐射差异。方法主要通过分层策略的自动定位、CCD 影像间的整体重建，以及过渡区域的局部重建来消除 DMC 影像中存在的亮度、色彩不平滑现象。一方面，像素值分布的复杂性使得自动定位和随后的影像重建变得困难。为了克服这样的困难，采用了微分的思想将处理区域分成子区域来简化这个问题，并采用了分层的处理策略以及投票机制以提高方法的稳健性。另一方面，地物的不规则分布可能会破坏局部区域的相似性，进而影响到计算得到的像素值的曲线分布以及 CCD 影像之间的辐射差异。为减小这种情况对处理的影响，以子区域作为计算单元，并在多尺度的处理策略中使用了平滑滤波器。考虑到现有的边缘检测算子只能应用于单波段影像，而且亮度、色彩不平滑现象主要是由大幅面的全色影像生成时引起的，因此自动定位在亮度通道进行。又因为 DMC 影像生成过程中，全色影像和多光谱影像的融合处理同时改变了影像的亮度、色调以及饱和度，仅在亮度通道重建将无法有效地消除这种亮度、色彩不平滑现象，所以随后的影像重建是在 R，G，B 三个通道分别进行的。

　　对于图 2-13(a) 所示的 DMC 影像，除了在过渡区域存在亮度、色彩不平滑现象之外，各 CCD 影像之间也存在较为明显的亮度、色彩差异。因此在消除了 DMC 影像过渡区域存在的亮度、色彩不平滑现象之后，还需要采用上一节的方法进行单幅影像的匀色处理，消除各 CCD 影像间存在的亮度、色彩差异现象。

2.3　基于网络传递的整体匀色处理

　　由于航空影像的特殊性，摄影角度差异导致的影像内容差异以及一些特殊区域的存在，使得在进行影像间的匀色处理时，一方面会影响在重叠区选取反映影像间关系的像素样本，另一方面，使影像之间更多地表现出一种非线性关系，单纯采用线性或者非线性的模型都不能很好地解决大区域影像间的亮度、色彩差异问题。对于像素样本的选取，众多学者进行了深入研究，提出了许多行之有效的方法。影像间的亮度、色彩差异可以看成是一种变化，因此可以参考卫星影像相对辐射校正的做法。对于影像间的关系以及大区域的处理，线性模型的优点是可以从整体上同时考虑区域范围内所有影像，便于质量控制，处理的结果不依赖于影像的顺序，缺点是不能很好地反映航空影像非线性的特点，尽管能确保整体亮度、色彩的一致性，但对局部区域，亮度、色彩差异可能仍然存在。而非线性模型的优点是能准确地反映影像间的关系，可以在局部区域取得更好的亮度、色彩一致性，缺点是不便于大范围的处理，不能从整体上同时考虑区域范围内多影像的亮度、色彩差异问题，不便于质量控制。

另外，针对卫星影像的处理方法大多只考虑了影像一维排列这种简单情况下的处理，然而对大区域影像进行处理时，影像通常都是二维排列的，这时采用这些方法进行处理时需要将影像按一定的方向分为不同的子区域（比如按航带或者轨道方向等），使每个子区域内的影像排列都为简单的一维情况，然后在每个子区域内分别进行匀色处理，并生成每个子区域的镶嵌影像，接着将各子区域的镶嵌影像作为参加处理的影像，再进行匀色以及镶嵌处理，从而得到整个区域亮度、色彩一致的镶嵌影像（Du 等，2002）。然而子区域的镶嵌影像由多幅影像镶嵌而成，由于影像间的关系各异，相邻子区域的镶嵌影像间不同部分的关系也不尽相同，统一采用一个线性关系描述必然会使误差增大，而且子区域的镶嵌影像越大，这种误差也越大。另外，这种通过划分子区域分别处理的方式，由于存在中间结果，也严重影响了处理的效率，不利于大区域影像间的匀色处理。

上述使得直接采用针对卫星影像的处理方法对航空影像进行影像间匀色处理时，并不能取得很好的效果。因此，本节提出了一种基于网络传递的整体匀色处理方法，采用了先整体后局部的处理策略，完整的处理流程如图 2-14 所示。首先采用线性模型从整体上描述影像间的关系，在影像间的重叠区域利用迭代加权多元变化检测（Iteratively Re-weighted Multivariate Alteration Detection，IR-MAD）方法选取像素样本，然后基于正交回归确定影像间的线性关系，接着基于 Voronoi 图确定影像间的邻接关系，根据影像间的邻接关系，基于最短路径算法确定影像间关系的传递路径，将区域范围内的所有影像纳入到统一的基准下考虑，最后采用非线性模型对重叠区域的局部进行优化。另外还需要说明的是，在进行影像间的匀色处理时，仍然需要将大面积水域、亮斑等特殊区域排除在外。因为这些特殊区域的存在使得影像间关系的非线性特性更加明显，这必然会影响到在重叠区域采用 IR-MAD 方法进行像素样本的选取。

2.3.1 基于线性模型的全局处理

当只进行两幅影像的处理时，假设以影像 1 为参考对影像 2 进行处理，则依据重叠区域得到的影像 1 和影像 2 之间的线性关系可以表示为：

$$S_1 = S_2 \cdot \text{gain}(2)_1 + \text{offset}(2)_1 \qquad (2\text{-}15)$$

式中 S_1 和 S_2 分别表示影像 1 和影像 2，$\text{gain}(2)_1$ 和 $\text{offset}(2)_1$ 分别为基于重叠区计算得

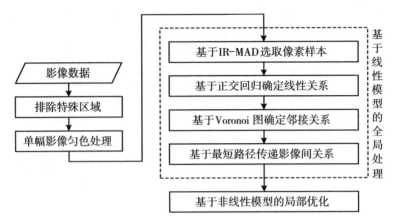

图 2-14 基于网络传递的整体匀色处理流程

到的以影像 1 为参考的线性关系的乘性系数和加性系数。

如果区域范围内具有 n 幅影像时，如图 2-15 所示，设影像 1 到影像 n 依次相互重叠，显然，对于任意两幅相邻影像 $m-1$ 和 m，以影像 $m-1$ 为参考，则两幅影像间的线性关系可表示为：

$$S_{m-1} = S_m \cdot \text{gain}(m)_{m-1} + \text{offset}(m)_{m-1} \tag{2-16}$$

如果对所有 n 幅影像都以影像 1 为参考进行处理，则各影像与影像 1 的线性关系分别如下：

对于影像 1，$S_1 = S_1$，故 $\text{gain}(1) = 1$，$\text{offset}(1) = 0$；

对于影像 2，$S_1 = S_2 \cdot \text{gain}(2)_1 + \text{offset}(2)_1$，

即 $\text{gain}(2) = \text{gain}(2)_1$，$\text{offset}(2) = \text{offset}(2)_1$；

对于影像 3，

$$S_1 = S_2 \cdot \text{gain}(2)_1 + \text{offset}(2)_1 = \left[S_3 \cdot \text{gain}(3)_2 + \text{offset}(3)_2 \right] \cdot \text{gain}(2)_1 + \text{offset}(2)_1$$

$$= S_3 \cdot \text{gain}(3)_2 \cdot \text{gain}(2)_1 + \text{offset}(3)_2 \cdot \text{gain}(2)_1 + \text{offset}(2)_1$$

$$= S_3 \cdot \text{gain}(3)_2 \cdot \text{gain}(2) + \text{offset}(3)_2 \cdot \text{gain}(2) + \text{offset}(2)$$

即 $\text{gain}(3) = \text{gain}(3)_2 \cdot \text{gain}(2)$，

$\text{offset}(3) = \text{offset}(3)_2 \cdot \text{gain}(2) + \text{offset}(2)$；

同理，对于任意一幅影像 m，其与影像 1 之间的线性关系为：

$$S_1 = S_m \cdot \text{gain}(m)_{m-1} \cdot \text{gain}(m-1) + \text{offset}(m)_{m-1} \cdot \text{gain}(m-1) + \text{offset}(m-1)$$

即

$$\text{gain}(m) = \text{gain}(m)_{m-1} \cdot \text{gain}(m-1) = \text{gain}(m)_{m-1} \cdot \text{gain}(m-1)_{m-2} \cdots \text{gain}(2)_1$$

$$\text{offset}(m) = \text{offset}(m)_{m-1} \cdot \text{gain}(m-1) + \text{offset}(m-1)$$

$$\tag{2-17}$$

这样便得到了所有影像与影像 1 的线性关系，所有影像都被纳入到了同一个参考基准（$\text{gain}(m)$ 和 $\text{offset}(m)$ 都是以影像 1 为参考的），据此便可以对各影像进行处理：

$$f_m^*(i, j) = f_m(i, j) \cdot \text{gain}(m) + \text{offset}(m) \tag{2-18}$$

式中，$f_m(i, j)$ 为处理前影像的像素值，$f_m^*(i, j)$ 为处理后影像的像素值，(i, j) 为影像的行列号。通过这种方式进行处理时，在计算得到所有影像的乘性系数和加性系数之后，还需要考虑处理时的质量控制。

因为影像通常都是以 8 位或者 16 位的正整数存储，如果乘性系数小于 1.0 时，影像中像素值的变化范围将变小，采用正整数存储后影像的一些灰度级将丢失，降低辐射分辨率；如果加性系数小于 0，则由于灰度级存储的限制，较低的像素值所包含的信息将会丢失。因此为了进行质量控制，在得到所有影像的乘性系数和加性系数之后，还需要确定一个全局的乘性系数 gain 和加性系数 offset。选取最小的乘性系数和加性系数，设其分别为 $\text{gain}(p)$，$\text{offset}(q)$，则 $\text{gain} = 1/\text{gain}(p)$，$\text{offset} = -\text{offset}(q)$。这样对于任意一幅影像 m，最终进行处理的乘性系数和加性系数分别为：$\text{gain}(m) \times \text{gain}$ 和 $\text{offset}(m) + \text{offset}$（Du 等，2001）。

采用这种整体后处理的好处是处理结果与影像的顺序无关。以图 2-15 所示的情况为例，设影像的顺序为 $1 \to n$，则由公式（2-17），首先计算各影像与影像 1 之间的线性关系，设最小的乘性系数和加性系数分别为 $\text{gain}_{1 \to n}(k)$ 和 $\text{offset}_{1 \to n}(l)$，则对于任意一幅影像 m，最终进行处理的乘性系数和加性系数分别为：

$$\text{gain}(m)^*_{1 \to n} = \text{gain}(m)_{m-1} \cdot \text{gain}_{1 \to n}(m - 1) \cdot \frac{1}{\text{gain}_{1 \to n}(k)}$$

$$\text{offset}(m)^*_{1 \to n} = \text{offset}(m)_{m-1} \cdot \text{gain}_{1 \to n}(m - 1) + \text{offset}_{1 \to n}(m - 1) - \text{offset}_{1 \to n}(l)$$

同理，

$$\text{gain}(1)^*_{1 \to n} = \frac{1}{\text{gain}_{1 \to n}(k)}, \quad \text{gain}(k)^*_{1 \to n} = 1,$$

$$\text{gain}(n)^*_{1 \to n} = \text{gain}(n)_{n-1} \cdot \text{gain}_{1 \to n}(n - 1) \cdot \frac{1}{\text{gain}_{1 \to n}(k)}$$

$$\text{offset}(l)^*_{1 \to n} = 0$$

$$\text{offset}(1)^*_{1 \to n} = -\text{offset}_{1 \to n}(l)$$

$$\text{offset}(n)^*_{1 \to n} = \text{offset}(n)_{n-1} \cdot \text{gain}_{1 \to n}(n - 1) + \text{offset}_{1 \to n}(n - 1) - \text{offset}_{1 \to n}(l)$$

如果影像的顺序相反，即 $n \to 1$，则相当于在计算各影像与影像 n 之间的线性关系后，以影像 n 为参考，设定一个全局的乘性系数 $\text{gain}_{1 \to n}(n)$ 和加性系数 $\text{offset}_{1 \to n}(n)$，则有：

$$\text{gain}_{n \to 1}(n) = 1, \ \text{offset}(n) = 0;$$

$$\text{gain}_{n \to 1}(m) = \frac{\text{gain}_{1 \to n}(m)}{\text{gain}_{1 \to n}(n)}, \ \text{offset}_{n \to 1}(m) = \text{offset}_{1 \to n}(m) - \text{offset}_{1 \to n}(n);$$

$$\text{gain}_{n \to 1}(1) = \frac{\text{gain}_{1 \to n}(1)}{\text{gain}_{1 \to n}(n)} = \frac{1}{\text{gain}_{1 \to n}(n)}, \ \text{offset}_{n \to 1}(1) = \text{offset}_{1 \to n}(1) - \text{offset}_{1 \to n}(n)$$

显然，最小的乘性系数和加性系数仍然为 $\text{gain}_{n \to 1}(k)$ 和 $\text{offset}_{n \to 1}(l)$，因此最终进行处理的乘性系数和加性系数分别为：

$$\text{gain}(1)^*_{n \to 1} = \frac{\text{gain}_{1 \to n}(1)}{\text{gain}_{1 \to n}(n)} \cdot \frac{1}{\text{gain}_{n \to 1}(k)} = \frac{\text{gain}_{1 \to n}(1)}{\text{gain}_{1 \to n}(k)} = \text{gain}(1)^*_{1 \to n}$$

$$\mathrm{gain}(m)_{n\to 1}^{*} = \frac{\mathrm{gain}_{1\to n}(m)}{\mathrm{gain}_{1\to n}(n)} \cdot \frac{1}{\mathrm{gain}_{n\to 1}(k)} = \frac{\mathrm{gain}_{1\to n}(m)}{\mathrm{gain}_{1\to n}(k)} = \mathrm{gain}(m)_{1\to n}^{*}$$

$$\mathrm{gain}(n)_{n\to 1}^{*} = \frac{1}{\mathrm{gain}_{n\to 1}(k)} = \frac{\mathrm{gain}_{1\to n}(n)}{\mathrm{gain}_{1\to n}(k)} = \mathrm{gain}(n)_{1\to n}^{*}$$

$$\mathrm{offset}(1)_{n\to 1}^{*} = \mathrm{offset}_{1\to n}(1) - \mathrm{offset}_{1\to n}(n) - \mathrm{offset}_{n\to 1}(l)$$

$$= \mathrm{offset}_{1\to n}(1) - \mathrm{offset}_{1\to n}(n) + \mathrm{offset}_{1\to n}(n) - \mathrm{offset}_{1\to n}(l) = \mathrm{offset}(1)_{1\to n}^{*}$$

$$\mathrm{offset}(m)_{n\to 1}^{*} = \mathrm{offset}_{1\to n}(m) - \mathrm{offset}_{1\to n}(n) - \mathrm{offset}_{n\to 1}(l)$$

$$= \mathrm{offset}_{1\to n}(m) - \mathrm{offset}_{1\to n}(n) + \mathrm{offset}_{1\to n}(n) - \mathrm{offset}_{1\to n}(l) = \mathrm{offset}(m)_{1\to n}^{*}$$

$$\mathrm{offset}(n)_{n\to 1}^{*} = -\mathrm{offset}_{n\to 1}(l) = \mathrm{offset}_{1\to n}(n) - \mathrm{offset}_{1\to n}(l) = \mathrm{offset}(n)_{1\to n}^{*}$$

因此，采用线性关系进行影像间匀色处理时，对于图 2-15 所示的这种情况，处理的结果与处理顺序无关。由此可知，只要能够找到各影像间的传递路径，各影像间的关系就可以在同一基准下计算，这样就可以使影像间匀色处理与影像的顺序无关，便于整体考虑，进行质量控制。

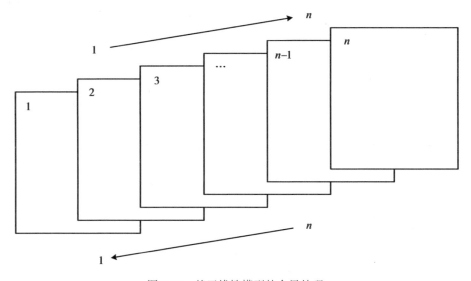

图 2-15　基于线性模型的全局处理

1. 基于 IR-MAD 的像素样本选取

迭代加权多元变化检测（Iteratively Re-weighted Multivariate Alteration Detection，IR-MAD）是在多元变化检测（Multivariate Alteration Detection，MAD）的基础上，为改善 MAD 变换的灵敏度，采用了迭代加权的方法，它是一种很有效的选取影像间不变像素的方法（Nielsen 等，1998；Canty 等，2004；Nielsen，2007；Canty 等，2008）。在对航空影像进行影像间的匀色处理时，由摄影角度的差异引起的影像内容的不同以及一些非线性变化都可以认为是一种"变化"特征，因此为了获得影像间更加稳健的线性关系，采用 IR-MAD 在重叠区域选取像素样本，即"不变"特征，作为计算影像间关系的依据。

对在 t_1，t_2 时间获取的两幅影像的所有 N 个通道的强度做一个线性组合，分别用随机向量 F 和 G 来表示，则

$$U = a^T F = a_1 F_1 + a_2 F_2 + \cdots + a_N F_N$$
$$V = b^T G = b_1 G_1 + b_2 G_2 + \cdots + b_N G_N \tag{2-19}$$

其中 U 和 V 分别是两幅影像的强度信息，a 和 b 为常量向量。如果确定这些变换系数以便使 U 和 V 之间的正相关最小，这就意味着最终的差分图像 $U-V$ 在像素强度上会表现出最大的散布。如果假设这种散布主要是由于影像在不同时刻发生的实际变化所引起的，那么这个过程将会使这些变化最大化。即得到如下的线性组合：

$$\mathrm{var}(U-V) = \mathrm{var}(U) + \mathrm{var}(V) - 2\mathrm{cov}(U, V)$$
$$\rightarrow \mathrm{maximum} \tag{2-20}$$

这个线性组合需要满足以下约束条件：

$$\mathrm{var}(U) = \mathrm{var}(V) = 1 \quad \text{以及 } \mathrm{cov}(U, V) > 0 \tag{2-21}$$

在这些约束条件下：

$$\mathrm{var}(U-V) = 2(1-\rho) \tag{2-22}$$

ρ 是 U 和 V 的相关系数，$\rho = \mathrm{corr}(U, V) = \dfrac{\mathrm{cov}(U, V)}{\sqrt{\mathrm{var}(U)\mathrm{var}(V)}}$，这样问题就转化为找到使正相关系数 ρ 最小的向量 a 和 b。N 个不同的分量

$$M_i = U_i - V_i = a_i^T F - b_i^T G, \quad i = 1, \cdots, N \tag{2-23}$$

即为组合影像的多元变化检测(Multivariate Alteration Detection)分量。MAD 分量良好的统计特性非常适合进行可视化和分析变化信息。MAD 分量之间正交，各分量的方差为

$$\mathrm{var}(U_i - V) = \sigma_{\mathrm{MAD}_i}^2 = 2(1 - \sqrt{\lambda_i}) \tag{2-24}$$

最小特征值对应的变换将使差分图像得到最大的方差，也就是说将会使其对应的 MAD 分量在像素强度值上出现最大的散布，在理想情况下包含最大的变化信息。

MAD 分量是原始影像强度的线性变换的不变量。这意味着这种方法对大气条件的差异或者在不同获取时间传感器检校的差异不敏感。由于 MAD 变量将或多或少地偏离多元正态分布，为了改善 MAD 变换的灵敏度，使之发现真正的变化，在估计样本的均值和协方差矩阵时，IR-MAD 将观测值按不变的概率进行加权。观测值的不变概率由前一次迭代决定，样本的均值和协方差矩阵通过典型相关分析(Canonical Correlation Analysis, CCA)决定下一次迭代的 MAD 变量。概率的权重可以直接通过分析 MAD 变量获得。设随机变量 Z 表示标准化的 MAD 变量的平方和：

$$Z = \left(\frac{M_1}{\sigma_{\mathrm{MAD}_1}}\right)^2 + \cdots + \left(\frac{M_N}{\sigma_{\mathrm{MAD}_N}}\right)^2 \tag{2-25}$$

式中，σ_{MAD_i} 由公式(2-24)给出。又由于不变观测值服从正态分布且不相关，则 Z 近似服从自由度为 N 的 χ^2 分布。发生变化的观测值将会有比较反常的较大的 Z 值。对每次迭代，观测值的权值可由 χ^2 分布决定，即

$$\mathrm{Pr}(\mathrm{no-change}) = \mathrm{Pr}(Z \leqslant z) = 1 - P_{\chi^2, N}(z) \tag{2-26}$$

式中较小的 z 值意味着较大的不变概率。MAD 变换的迭代将一直持续到迭代停止的条件

满足为止，比如相关系数的变化小于一定的阈值。

2. 基于正交回归的线性关系确定

在重叠区域选取不变像素样本后，采用正交回归来确定相邻影像间的线性关系。这主要是考虑到正交回归可以比常规最小二乘回归取得更好的效果。与常规最小二乘回归相比，正交回归不再以最小化数据点到回归直线在水平或者垂直方向的距离的平方为准则，而是以最小化数据点到回归直线之间的正交距离，也就是垂直距离为准则。常规最小二乘回归与正交回归的比较如图 2-16 所示（Leng 等，2007；Canty 等，2008）：

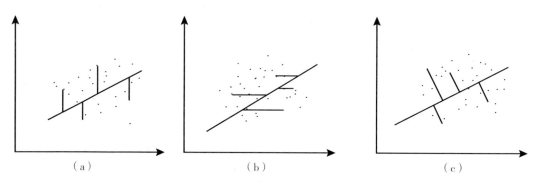

图 2-16　常规最小二乘回归(a)，(b)和正交回归(c)

设 x 是自变量，y 是因变量，并假定 x 和 y 都具有一定的随机误差，δ 和 ε 二者不相关，且 $\delta \sim N(0, \sigma_\delta^2)$，$\varepsilon \sim N(0, \sigma_\varepsilon^2)$，则正交回归模型为

$$y_i - \varepsilon_i = \alpha + \beta(x_i - \delta_i)，i = 1, 2, \cdots, n \tag{2-27}$$

式中 n 为观测次数。由此可以得到 β 的估计值

$$\hat{\beta} = \frac{(s_{yy}^2 - s_{xx}^2) + \sqrt{(s_{yy}^2 - s_{xx}^2)^2 + 4s_{xy}^2}}{2s_{xy}} \tag{2-28}$$

其中，$s_{xy} = \dfrac{1}{n}\sum_{i=1}^{n}(x_i - \bar{x})(y_i - \bar{y})$，$s_{xx}^2 = \dfrac{1}{n}\sum_{i=1}^{n}(x_i - \bar{x})^2$，$s_{yy}^2 = \dfrac{1}{n}\sum_{i=1}^{n}(y_i - \bar{y})^2$，

$\bar{x} = \dfrac{1}{n}\sum_{i=1}^{n}x_i$，$\bar{y} = \dfrac{1}{n}\sum_{i=1}^{n}y_i$。

α 的估计值为

$$\hat{\alpha} = \bar{y} - \hat{\beta}\,\bar{x} \tag{2-29}$$

向量 $[\hat{\alpha}\hat{\beta}]^{\mathrm{T}}$ 的方差矩阵为

$$\frac{\sigma^2\hat{\beta}(1 + \hat{\beta}^2)}{ns_{xy}}\begin{bmatrix} \bar{x}^2(1 + \hat{\tau}) + s_{xy}/\hat{\beta} & -\bar{x}(1 + \hat{\tau}) \\ -\bar{x}(1 + \hat{\tau}) & 1 + \hat{\tau} \end{bmatrix} \tag{2-30}$$

其中，$\hat{\tau} = \dfrac{\sigma^2\hat{\beta}}{(1 + \hat{\beta}^2)s_{xy}}$，$\hat{\sigma}^2 = \dfrac{n}{(n-2)(1 + \hat{\beta}^2)}(s_{yy}^2 - 2\hat{\beta}s_{xy} + \hat{\beta}^2 s_{xx}^2)$。

3. 基于 Voronoi 图的影像间邻接关系确定

在获得了相邻影像间的线性关系之后，另一个要解决的问题就是这种线性关系的传递路径问题。只要能够找到一个各影像间的传递路径，各影像间的关系就可以在同一参考下计算，而且处理结果与影像的顺序无关。但在实际的应用中，对区域范围内多幅影像进行处理时，影像通常都是二维排列的，影像间的重叠关系非常复杂，是一个二维的网络问题，因此在确定传递路径之前必须确定影像间的邻接关系。

Voronoi 图是计算几何中的一个基础数据结构，目前已经被广泛应用到了与空间划分相关的许多领域中。由于 Voronoi 图可以简单地表达邻接关系，因此将其用来确定影像间的邻接关系。取每幅影像的中心点形成一个点集，生成常规的 Voronoi 图，并将 Voronoi 图的范围限定在所有影像覆盖范围（所有影像的范围的交集）之内。这样便得到了每个像片中心点的 Voronoi 多边形，由于每个 Voronoi 多边形与其生成元（即各影像的中心点）一一对应，因此根据各 Voronoi 多边形是否邻接，就可以方便地得到各影像间的邻接关系。由于 Voronoi 多边形生成时是以距离像片中心点最近为准则的，因此在通过 Voronoi 图确定的影像间的邻接关系中，那些相互之间具有重叠区但相距较远的影像将不认为它们是相邻的。这实际上对大区域相对辐射校正处理是有好处的，因为相距较远的影像间的重叠区域必然较小，通过这样的重叠区域得到的影像间关系的可靠性必然低于通过较大的重叠区获得的影像间关系。当然，直接基于 Voronoi 图确定影像间的邻接关系并不严密，因为基于各影像的中心点确定的邻接关系不一定准确，还需要进一步判断对应的影像的有效范围是否具有重叠区。另一种处理方法是基于后面章节的基于顾及重叠的面 Voronoi 图来确定影像间的邻接关系（Pan 等，2009；Pan 等，2014）。

图 2-17 是基于 Voronoi 图确定影像间邻接关系的示意图，图 2-17（a）是影像按坐标排列的情况，图 2-17（b）是基于影像范围中心点生成的 Voronoi 图的示意图，由图可见，尽管影像 1 和影像 5 具有重叠，但是由于其相隔较远，通过 Voronoi 图确定邻接关系时，就不认为影像 1 和影像 5 是相邻的。

4. 基于最短路径的影像间关系传递

在确定了影像间的邻接关系之后，就可以在二维的邻接关系网络环境下，确定影像间关系的传递路径。Guindon（1997）阐述了传递路径对辐射归一化处理的影响，指出影像间的关系在每一次传递的过程中都存在不确定性，并通过卫星影像的实验得出每次传递过程中的不确定性为 0.5~2 个灰度级的结论。尽管采用 IR-MAD 方法增强了计算影像间关系的可靠性，但是每次传递过程的不确定性依然存在。因此为了减少这种影像间关系传递过程中的不确定性，必须减少传递路径的长度，减少传递的次数。显然较长的传递路径对应较多的传递次数和较小的重叠区域。在重叠区域一定的情况下，传递次数越多显然误差会越大，因为每次传递所涉及的相邻影像间的线性关系的计算都存在一定的误差，导致每次传递都存在一定的不确定性；在传递次数一定的情况下，较长的传递路径意味着影像间的距离较远，影像间的重叠区域较小，通过较小的重叠区获得的影像间的关系的可靠性就会下降。因此，确定传递路径就是一个路径搜索问题。

影像可以被看作节点 V，影像间的重叠区是边 E，这样便构成了一个无向连接图 $N = (V, E)$。影响传递路径的因素主要有两个，一是传递次数，传递次数越多显然误差会越

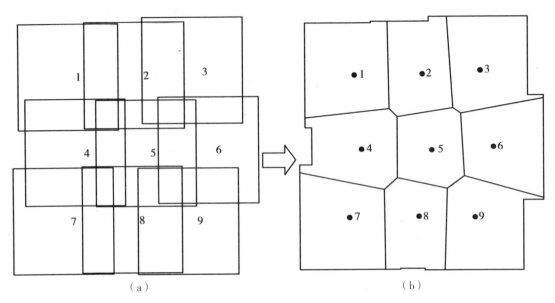

（a）　　　　　　　　　　　　　　　　（b）

图 2-17　基于 Voronoi 图确定影像间邻接关系的示意图

大；二是传递路径经过的重叠区大小，像素数越多的重叠区获得的影像间的线性关系更可靠。因此，为了避免这两个因素的影响，影像 i 和影像 j 的传递路径 Path(i, j) 定义如下：

$$\text{Path}(i, j) = \min \sum D_{kl} \tag{2-31}$$

式中，D_{kl} 表示影像 k 和影像 l 之间的传递距离，影像 k 和影像 l 是路径 Path(i, j) 所经过的影像。确定 Path(i, j) 就是最小化总的传递距离，即 $\sum D_{kl}$，其中 D_{kl} 定义如下：

$$D_{kl} = (\max O_{rs}/O_{kl})^n \tag{2-32}$$

式中，O_{kl} 表示影像 k 和影像 l 的重叠区中的像素数，$\max O_{rs}$ 表示影像 r 和影像 s 的重叠区中最大像素数，n 是指数。$\max O_{rs}$ 用来归一化像素数。当 $n>1.0$ 时，$\max O_{rs}/O_{kl}$ 将被夸大；当 $n<1.0$ 时，$\max O_{rs}/O_{kl}$ 将被抑制。在实际应用中，n 依赖于主导因素。当 $n>1.0$ 时，重叠区大小是主导因素；当 $n<1.0$ 时，传递次数是主导因素。为了在同一个基准或参考下考虑所有影像，首先选定区域中心的影像作为初始参考影像，然后对每幅影像，搜索该影像到参考影像间的最短路径，将该路径作为这两幅影像间关系的传递路径。这样可以保证每条路径最短，尽可能地减小传递次数，避免传递过程中的不确定性。而且通过参考影像，各影像就被纳入到了同一个基准下，这样就可以在一个参考下计算各影像间的关系，进而确定出各影像进行影像间匀色处理的变换系数，便于质量控制，并且由于最短路径是唯一的，这也使得该方法与影像的顺序无关。图 2-18 是图 2-17 所示的区域基于最短路径确定的影像间路径传递示意图。以区域中心影像 5 为参考，则影像 5 到影像 1 的传递路径如图 2-18 所示。

2.3.2　基于非线性模型的局部优化

基于非线性模型的局部优化旨在消除重叠区残留的亮度、色彩差异，它在基于线性模

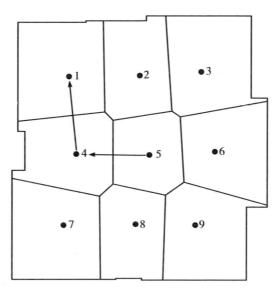

图 2-18　基于最短路径的影像间路径传递示意图

型的整体处理后进行。由于影像间的关系在很多情况下表现出的是一种非线性的，对于航空影像而言，由于照度的差异，地物反射特性以及摄影角度差异等众多因素的影响使得这种趋势更为明显，故采用非线性的模型更为准确，可以在重叠区的局部区域内取得更好的亮度、色彩一致性，因此非线性模型被用于重叠区的局部优化。

　　为了避免航空影像由于摄影角度差异造成的影像内容差异，以及水域、阴影、亮斑等特殊区域等对于处理的影响，采用相关系数作为局部优化处理时筛选像素样本的依据。之所以把相关系数作为筛选像素样本的依据，而没有沿用 IR-MAD，主要考虑到 IR-MAD 是依据线性模型进行像素样本选取，所选取的像素样本是尽可能符合线性关系的，不能很好地反映重叠区域实际存在的非线性关系。对航空影像而言，不同景成像时间较为接近，考虑到重叠区域内同名地物即使在亮度、色彩上存在差异，但在几何形态上是相同的，而相关系数则主要考虑地物的几何形态，在局部范围内具有灰度线性不变性，因此选用了相关系数作为筛选的依据。

　　考虑到尽管整个重叠区域内影像间的关系是非线性的，但在局部窗口范围内影像间的关系可以用线性关系表示，因此基于相关系数在重叠区选取像素样本后，非线性的局部优化是通过联合多个线性关系来实现的，重叠区被划分为多个子区域，在每个子区域内可基于正交回归等方法获得子区域的线性关系。这样在进行影像间的匀色处理时，基于 Voronoi 图确定的影像间邻接关系，对非重叠区的像素，采用获得的影像间整体线性关系进行处理，对于重叠区的像素，采用获得的非线性关系进行处理，对于影像间重叠区与非重叠区的边界附近一定范围内的像素，则根据重叠区获得的线性关系和非线性关系在一定范围内进行过渡，从而得到整体和局部亮度、色彩都更一致的影像。为了确保处理结果在亮度、色彩方面的连续性，各子区域之间也需要进行一个过渡，从一种线性关系渐变到另一种线性关系。

2.3.3　实验与讨论

图 2-19 给出了一个区域航空影像的整体匀色实验，实验中首先采用基于 Mask 的单幅影像匀色处理消除了单幅影像不同部分的亮度、色彩差异。该实验数据是模拟像片经扫描、正射纠正得到的彩色影像，共有 4 条航带，航向重叠约 65%，旁向重叠约 40%，每个航带有 4 幅影像。影像分辨率为 0.5m，影像大小约为 2300×2300 像素。在基于线性模型的全局处理中，IR-MAD 最大迭代次数为 10，最小不变概率为 95%。在基于非线性模型的局部优化中，子区域大小为 200×200 像素。图 2-19（a）是匀色处理前各影像情况，显然，处理前各影像间存在明显的亮度、色彩差异，特别是不同航带的影像，差异更为明显。各影像内部不同部分也存在一定的亮度、色彩等差异。图 2-19（b）是基于整体匀色后获得的镶嵌影像。显然，整体匀色处理后，影像间的亮度、色彩差异被有效消除。图 2-20进一步显示了基于线性模型的全局处理和基于非线性模型的局部优化处理的效果。图 2-20（a）和图 2-20（b）分别是同一重叠区的左影像与右影像。图 2-20（a）被作为参考影像，图 2-20（c）是基于线性模型的全局处理的效果，图 2-20（d）是基于非线性模型的局部优化处理的效果。从图 2-20（c）和图 2-20（d）的对比可以看出，全局处理与局部优化处理在总体效果上比较接近，但在局部区域，局部优化处理效果更好。具体可以从图 2-20 中标记的三个区域影像对比看出，全局处理后，三个标记区域的影像与参考影像中对应区域相比，仍然存在一定程度的亮度、色彩差异。但经过局部优化处理后，三个标记区域的影像与参考影像相比，目视已经分辨不出亮度、色彩差异。表 2-3 进一步给出了全局处理与局部优

（a）　　　　　　　　　　　　　　　　（b）

图 2-19　整体匀色实验

化处理在定量统计方面的比较。显然，全局处理与局部优化处理后，重叠区总体的均值与标准偏差均与参考影像非常接近，但在 3 个标记区域，局部优化处理具有与参考影像更为接近的均值与标准偏差。这也说明局部优化处理后，除了保持了在总体上消除了亮度、色彩差异之外，还有效消除了重叠区局部存在的亮度、色彩差异。

（a）重叠区参考影像

（b）重叠区待处理影像

（c）全局处理结果

（d）局部优化处理结果

图 2-20　全局处理与局部优化处理的效果对比

表 2-3   全局处理与局部优化的定量对比

		均值				标准偏差			
		参考	待处理	全局处理	局部优化处理	参考	待处理	全局处理	局部优化处理
整体	红	98.75	108.42	98.11	99.33	38.13	37.34	38.71	38.06
	绿	106.55	107.06	106.16	107.02	35.59	35.20	36.08	35.58
	蓝	103.95	104.81	103.23	104.28	33.29	33.75	34.45	33.33
标记区域1	红	107.53	118.54	108.60	107.60	35.84	33.35	34.68	35.71
	绿	114.75	116.93	116.30	115.24	36.12	32.19	33.03	36.16
	蓝	112.77	114.99	113.62	113.21	35.37	31.16	31.81	35.45
标记区域2	红	90.82	81.11	71.74	88.90	33.50	45.00	43.21	35.37
	绿	99.75	80.66	79.57	97.54	31.29	42.86	43.09	33.30
	蓝	96.27	74.88	73.16	94.40	28.40	42.15	42.13	30.05
标记区域3	红	116.76	123.48	113.73	115.70	28.06	26.26	27.35	27.93
	绿	123.45	121.32	120.82	122.39	26.40	25.38	26.06	26.42
	蓝	119.22	116.94	115.63	118.16	27.30	26.79	27.43	27.32

2.4 特殊区域的自动检测

特殊区域主要是针对匀色处理而言的，它们所反映出的亮度、色彩差异与其他区域不同。地物通常是非朗伯体，并不会在所有方向上都具有恒定的反射率；相反，不同的摄影角度会使地表呈现不同的亮度或色彩，甚至存在近镜面或镜面反射现象（Kerschner，2001）。而且水体表面比陆地更平滑，近镜面和镜面反射现象更为常见，甚至出现亮斑。所以航空影像中摄影角度差异会导致影像中水域亮度、色彩差异很大。相反，陆地区域比水域更粗糙，近朗伯反射是主要的反射类型，由摄影角度差异引起的亮度、色彩差异较小。因此在进行匀色处理时，为了提高处理效果，将水域排除在外是很有必要的（Chandelier 等，2009）。水域与陆地的这种差异也必然会影响到匀色处理的效果，因此将水域和亮斑作为特殊区域。阴影则是由于其在形成时，主要是对天空光能量的反射，没有对太阳光能量的反射，成像机理与其他地物存在差异，因此其反映的亮度、色彩差异必然与其他地物存在差异，所以其也被作为一种特殊区域，具体检测方法可参考相关文献，例如基于 Dempster-Shafer 证据理论的阴影检测方法（徐胜华，2007）。云、雪等也属于特殊区域的范畴，也会对匀色处理效果产生影响，但在实际的应用中可以通过设定阈值这样简单的方式加以排除。下面着重论述大面积水域（因为小面积的水域的影响可以忽略）、亮斑等区域的自动检测，目的是在影像中确定出区域的具体范围，为匀色处理提供依据。

在遥感图像中，与陆地区域相比，水体强烈吸收太阳光，并且在整个光谱范围都呈现低反射率。水会吸收长波段和近红外波段，而不是短波长波段。近红外和中红外波段水的反射率接近于零，几乎所有的辐射能都被水体吸收。因此，水体通常是蓝色或蓝绿色的，且在红色或近红外波段更暗，其像素值比其他地物更低（Lillesand 等，2000；Luo 等，2009；Wu 等，2009）。因此，红外波段（包括近红外和中红外波段）通常被用于遥感影像水域检测。但在很多情况下，对航空影像而言，红外波段数据并不可用，往往只有可见光波段数据。而且，航空影像获取时，通常飞行高度只有 1000～3000m，因此水域中镜面反射现象的可能性大幅增加。当水域出现镜面反射现象时，影像中会出现亮斑。当然如果太阳天顶角、数字地形模型以及图像的方向已知，镜面反射中心的位置可以计算出来（Chandelier 等，2009）。计算的准确性依赖于数据的精度。此外，亮斑的范围仍然无法计算，而且，水面的波浪也增加了不确定性，所以，一些著名的商业软件，例如 ERDAS 和 OrthoVista，都提供了人工勾画或导入矢量数据的方式来确定水域以及亮斑的范围，并在计算辐射差异时排除这些区域，从而提高影像匀色效果。因此，本节提出了一种改进种子点生长的航空影像水域自动检测方法。该方法利用相对标准偏差指数（Relative Standard Deviation Index，RSDI）计算纹理特征作为种子点选取的依据，并采用了由粗到细的处理过程，即多次划分的策略和基于梯度影像的精化，以提高水域检测的可靠性和精度。通过融合多幅影像检测得到的水域范围，水域中的亮斑区域也可以与水域一起被检出。

2.4.1　基于多次划分的水域自动检测

航空影像中，水域在影像上与陆地相比，纹理信息比较贫乏，各像素的色彩比较相近，色彩变化比较缓慢，即水域的纹理强度很弱，像素值的分布更为集中、变化更为缓慢。因此本节水域的检测是基于纹理特征进行的。主要包括基于纹理特征的粗检测，基于多次划分的优化以及基于梯度空间的细化。

1. 基于纹理特征的粗检测

粗检测主要是基于纹理特征初步确定水域的粗略位置。统计直方图的矩是最简单有效的描述纹理特征的方式。假定 z 是 $[0, L-1]$ 范围内的灰度级随机变量，$p(z_i)$（$i=0, 1, 2, \cdots, L-1$）是相应的直方图，那么变量 z 关于均值的 n 阶矩是：

$$\mu_n(z) = \sum_{i=0}^{L-1} (z_i - m)^n p(z_i) \tag{2-33}$$

其中 m 是 z 的均值：

$$m = \sum_{i=0}^{L-1} z_i p(z_i) \tag{2-34}$$

二阶矩，也就是方差是：

$$\sigma^2(z) = \mu_2(z) \tag{2-35}$$

二阶矩是一个灰度级对比度的测度，可以反映纹理强度信息，以及灰度值分布的离散度。所以标准偏差 $\sigma(z)$ 也经常被用作纹理的测度（Gonzalez 等，2002）。标准偏差值较小意味着像素值更加集中在均值附近，标准偏差值较大意味着像素值更加分散。通常水域比陆地具有更小的标准偏差值，二者之间差异明显。基于水域的这个特征，提出采用相对标准偏差指数（Relative Standard Deviation Index，RSDI）作为水域区域粗检测的测度进行水域的粗检测，具体步骤如下：

（1）获得亮度通道影像，将其作为被处理的影像；

（2）基于给定的尺度，将亮度通道影像划分为互不重叠的影像块；

（3）计算每一个影像块的 RSDI 值；

（4）根据 RSDI 的阈值确定水域候选区域。RSDI 的阈值可以根据样本区域或者经验来确定。RSDI 值大于阈值的影像块即为水域候选区域。

影像块 i 的 RSDI 值定义为：

$$\text{RSDI}_i = (m_\sigma / \sigma_i)^n \qquad (2\text{-}36)$$

式中 i 是影像块的编号，σ_i 是影像块 i 的标准偏差，m_σ 是所有影像块标准偏差值的均值，n 是指数（$n \geqslant 1.0$）。m_σ 用于归一化每一个影像块的标准偏差值。n 用于增大或抑制 m_σ / σ_i 的值。如果 $m_\sigma > \sigma_i$，m_σ / σ_i 的值会被增大；如果 $m_\sigma < \sigma_i$，m_σ / σ_i 的值会被抑制。考虑到水域影像块的标准偏差值通常会比 m_σ 小很多，而陆地区域影像块的标准偏差值则会接近或比 m_σ 大，因此水域影像块与陆地影像块 m_σ / σ_i 的值之间的差距可以被增大。

当然也考虑过其他统计属性，比如均值和像素值的范围等。但在航空影像中，水域通常会呈现不同的颜色，对应于不同的均值。水域的颜色与很多因素有关，比如摄影角度、泥沙含量以及由风或水流引起波浪等。所以很难通过均值来区分水域和陆地区域。同样，通过最大值、最小值，也就是像素值的范围也很难区分水域和陆地区域。水域中有船只和波浪，如果只有少量像素具有较小或较大的值，像素值的范围将会较大。但少量像素具有较小或较大的值对标准偏差值的影响较小，因此标准偏差更适合用于区分水域和陆地区域，而 RSDI 作为另一种形式的标准偏差，可增大水域与陆地区域的差异，便于区分水域与陆地，更适合水域的检测。

2. 基于多次划分的优化

由于尺度效应的存在，即地理实体的格局与过程随观测尺度变化而表现为不同地学特征的现象，如在某一尺度下表现为异质的结构要素，在大一级尺度上观测成为同质的（黄慧萍，2003）。因此在粗检测中，如果给定的影像块太大，小于影像块的水域区域可能就不能被检测出来。所以更小的影像块有助于提升水域检测的准确性。但如果影像块太小，一些地物目标在小范围内可能也具有较为平滑的纹理，水域粗检测的可靠性就无法保证。为了解决影像块大小与粗检测可靠性之间的矛盾，提出了多次划分的策略，进一步提高水域粗检测的可靠性。同一幅影像会被划分多次，每次划分后采用上一节所描述的方法，单独进行水域粗检测，这样多次划分检测得到的水域共同构成了最终的水域候选区域。

这种多次划分的策略是受影像超分辨率重建的启发。在影像超分辨率重建技术中，提高影像分辨率的前提是具有关于同一场景的多幅低分辨率影像。这些低分辨率影像是对同一场景的多次观测，或者说是多次采样。也就是说，这些低分辨率影像可以看成是关于场景的具有子像素级偏移的多次采样。如果这些低分辨率的影像之间采样偏移是整像素，则每幅影像所包含的信息相同，没有新信息可以被用于超分辨率影像重建；但如果这些低分辨率的影像之间具有子像素级的偏移，则每幅影像所包含的信息就不可能从其他影像获得，在这种情况下，每幅低分辨率的影像所包含的新信息就可以被用于超分辨率影像重建。如果我们能结合这些低分辨率的影像，就可以进行超分辨率影像的重建（Park 等，2003）。

图 2-21 给出了在给定尺度下对同一影像进行两次划分的示意图，图中第二次划分与第一次划分相比，在 x 和 y 方向上有半个尺度的偏移。当然也可以采用更多次的划分，以获取更多的采样数据，从而提高水域粗检测的可靠性。通过这种方式进行划分后，就得到了关于 RSDI 值的具有一定偏移(低于分块尺度)的多次采样"低分辨率影像"。对每次划分的影像分别统计各影像块的 RSDI 值，然后根据 RSDI 阈值确定出水域的候选区域，最后再将多次划分进行粗检测得到的水域候选区域合并作为最终的水域候选区域，从而可提高水域检测的准确性。

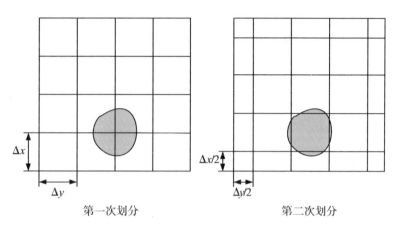

第一次划分   第二次划分

图 2-21　两次划分的示意图

如图 2-21 所示，阴影部分表示水域，显然，由于划分起始点的影响，图 2-21(a)第一次划分时，阴影区域被划分成 4 块，每块仅包含一小部分水域，依据 RSDI 值的阈值，阴影部分的水域很可能不能被检测出来，因为这 4 个影像块的 RSDI 值可能会与其他陆地区域影像块的 RSDI 值非常接近。但是在图 2-21(b)中第二次划分时，阴影区域被主要划分到 1 个影像块中，则可以很容易被检测出来。通过合并两次检测得到的水域候选区域，水域粗检测的可靠性可显著提高。当然，更多次的划分可进一步提高粗检测的可靠性，但同时也会增加计算负担。

基于多次划分在水域粗检测基础上，可进一步提高水域检测的可靠性，快速获取水域范围。但获取的水域范围并不精确，受制于影像划分的尺度。为了获得更精确的水域范围，基于多次划分检测出水域范围后，进一步基于梯度影像进行水域范围精化。梯度影像通过亮度通道影像采用 Roberts 算子计算(Gonzalez 等，2002)。在梯度影像上，将基于种子点的区域生长算法(Seeded Region Growing，SRG)进行了扩展，用来获得更准确的水域区域。在生长的过程中，将多次划分检测出的水域范围作为种子区域，替代了经典基于种子点的区域生长算法中的种子点。基于种子区域的区域增长根据如下公式进行计算(Adams 等，1994；Park 等，2003；Zhang，2005)：

$$|g(x) - \text{mean}(g(y))| \le t \cdot \text{std}(g(y)) \tag{2-37}$$

式中，$g(x)$ 是像素 x 的梯度值，$\text{mean}(g(y))$ 和 $\text{std}(g(y))$ 是已经确定的水域区域像素的均值和标准偏差，t 是划分水域和陆地区域的阈值。$\text{mean}(g(y))$ 和 $\text{std}(g(y))$ 的初值根据

种子区域来计算，并在生长的过程中不断更新。之所以采用梯度影像进行水域范围精化，一方面是因为水域影像像素值变化较为平缓，表现为较小的梯度值，而水域与陆地的分界处影像的像素值变化剧烈，边缘特征明显，梯度值较大，这便于将水域与其他区域分离出来；另一方面，水域像素值仍然存在一个渐变的趋势，对于大范围的水域，其像素值的变化范围也会较大，不便于从像素空间将其分离，而梯度则只关注邻近像素的灰度变化情况，可以避免这种情况。因此，梯度空间更适合于分离水域与陆地，得到精确的水域范围。

2.4.2　基于水域检测的亮斑检测

亮斑主要是由镜面反射或者近镜面反射引起的，主要发生在水域，其形成除了与地面的粗糙程度有关之外，还与摄影角度、相机视场角和太阳高度角有关。亮斑的形成条件如图 2-22 所示，设摄影角度为 i，相机的视场角为 2θ（太阳光线方向的视场角），太阳高度角为 h，则当 $h \geqslant i - \theta$ 时，影像中才可能存在亮斑。而当亮斑出现的条件都满足时，其发生的位置则与摄影位置有关，摄影位置出现变化时，所获取的影像中是否还会出现亮斑以及亮斑出现的位置都会不同，也就是说在一幅影像中的某区域出现亮斑，而在另外一幅影像中，亮斑可能不会出现，或者出现在另外的区域。

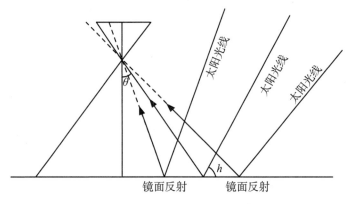

图 2-22　亮斑形成条件

本节就是根据亮斑的这个特点通过间接的方法来检测亮斑的区域，即通过融合多个影像检测的水域范围，可间接在水域检测的同时将亮斑也检测出来，亮斑包含在多个影像检测的水域范围的融合结果中。该方法的前提是在一幅影像中为亮斑的区域至少在另外一幅影像中不属于亮斑区域，这包含了两层含义，一是影像间必须具有足够的重叠，即任何区域至少被两幅影像所覆盖，这样才能保证亮斑出现在任何位置都可能被检测，如果亮斑出现的位置只被一幅影像覆盖，则本节的方法便不适用；二是对于多影像覆盖的同一区域，至少在一幅影像上，该区域不存在亮斑，如果存在一定的区域在各影像中都存在亮斑，则本节的方法不适用。

下面讨论该方法的适用性。影像间的重叠关系与亮斑的示意图如图 2-23 所示。假定

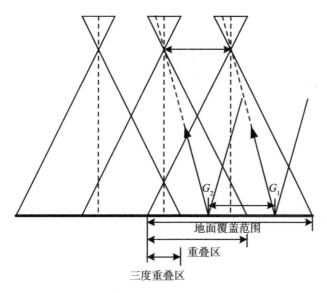

图 2-23 影像间的重叠关系与亮斑的示意图

摄影为理想的垂直摄影，在两摄站连线方向上，设影像地面覆盖范围为 L，影像间的重叠度为 $a(a \leqslant 100\%)$，则影像间重叠区范围为 aL，影像之间的三度重叠为 $[1-2(1-a)]L = (2a-1)L$，相邻摄站距离为 $(1-a)L$。图中 G_1，G_2 为相邻影像中亮斑中心的位置，也就是发生镜面反射最强的地方，显然，两影像中的亮斑中心位置间的距离也为 $(1-a)L$。考虑到相邻影像在获取时太阳高度角的变化可忽略，在地面粗糙度一致的情况下，相邻影像的亮斑区域的大小是一致的。

为了保证任何区域至少被两幅影像所覆盖，则影像间必须具有一定的三度重叠，即 $(2a-1)L \geqslant 0$，这等价于 $a \geqslant 50\%$，也就是要求相邻影像的重叠度必须不小于 50%；为了保证在一幅影像上出现亮斑的区域在另一幅影像上不出现亮斑，则如果亮斑在两摄站连线方向上的范围不大于 $(1-a)L$ 时，亮斑必然能被检测出来。满足这两个条件，本节方法就一定能将亮斑检测出来。这是采用最邻近的两幅影像进行检测时的情况，对于重叠度更大的情况，还可以考虑隔片取影像，以减小限制。隔片取影像时，影像间摄站距离为 $2(1-a)L$，此时两影像中的亮斑中心位置间的距离也为 $2(1-a)L$。此时为了满足任何区域都至少被两幅影像所覆盖，则影像间必须具有一定的四度重叠，即 $(3a-2)L \geqslant 0$，这等价于 $a \geqslant 66.7\%$，也就是要求相邻影像的重叠度必须大于 66.7%；为了保证在一幅影像上出现亮斑的区域在另一幅影像上不出现亮斑，则亮斑在两摄站连线方向上的范围不大于 $2(1-a)L$ 时，亮斑必然能被检测出来。同理，如果采用隔两片取影像（即每隔两幅影像取一幅影像），此时影像间必须具有一定的五度重叠，即 $(4a-3)L \geqslant 0$，这等价于 $a \geqslant 75\%$，同时亮斑在两摄站连线方向上的范围不大于 $3(1-a)L$ 时，亮斑必然能被检测出来。

以上讨论的是最严格的情况，也就是利用所选的两幅影像完全将亮斑的区域检测出来，实际上亮斑能被检测的条件有时候更为宽松，任何与被检测影像具有重叠的影像都可能会对亮斑的检测提供帮助，这与亮斑发生的位置有关，也许这些影像与被检测影像的重叠度不足以保证只通过重叠的两幅影像就完全将亮斑的区域检测出来，但是它们都可能检测部分亮斑区域。比如通常情况下，航空影像间航向重叠度为 60%，旁向重叠度为 30%，按照上面的讨论，由于重叠度没有达到 66.7%，因此取最邻近的影像，此时亮斑能被检测出来的最严格的条件是亮斑范围不大于 $0.4L$。如果亮斑范围大于 $0.4L$，则会存在一定区域在所选的两幅影像中都属于亮斑，此时如果该区域没有被第三幅影像覆盖，则不能被检出；如果该区域被第三幅影像覆盖，则可以被检出。由于此时影像三度重叠为 20%，因此最好的情况下，亮斑范围不大于 $0.6L$ 都可以被检出。

实际上，航向 60% 的重叠度使得影像间具有 20% 的三度重叠，与被检测影像具有 20% 重叠度的影像仍然可能会对亮斑的检测提供帮助。换句话说，实际上只要与被检测影像具有重叠的影像，都可能会对亮斑的检测提供帮助，因为它们为重叠区域提供了一个多余的观测，在重叠区域，如果这些影像中不存在亮斑，而在被检测影像中出现亮斑，则这些影像就会对亮斑的检测提供帮助。如果亮斑的范围不大于 $(1-a)L$，则利用该影像可检测的最大的亮斑范围为 aL；如果亮斑的范围大于 $(1-a)L$，设亮斑范围为 xL，则利用该影像可检测的最大的亮斑范围为 $(1-x)L$。上面提到的航空影像旁向 30% 的重叠度也可以检测出最大 $0.3L$ 的亮斑范围。因此，亮斑的检测需要综合所有与被检测影像具有重叠的影像的检测结果，以减小亮斑检测时的限制。

2.4.3 实验与讨论

图 2-24 给出了一个水域及其亮斑的自动检测实验。该实验数据是覆盖中国三峡研究区的数字彩色正射影像，这些图像的重叠率约为 60%，正射影像的分辨率为 0.5 米，图像尺寸约为 2000×2000 像素。图 2-24(a) 是包含水域和亮斑的正射影像，其中水域是长江。设定的划分尺度，即划分的影像块大小，是 250×250 像素。图 2-24(b) 显示了第一次划分后的 RSDI 直方图。粗略检测时，RSDI 的阈值为 50，RSDI 的指数为 3.0。根据我们的经验，RSDI 的指数取 3.0 时足以取得令人满意的结果。图 2-24(c) 显示了基于三次划分进行粗略检测得到的水域范围，即图 2-24(c) 中高亮显示的区域。在每次划分时，x 和 y 方向上分别存在三分之一划分尺度的偏移。图 2-24(d) 显示了使用梯度影像检测到的精确水域，即图 2-24(d) 中的突出显示区域。图 2-24(d) 未检测到水域中的亮斑。图 2-24(e) 和 (f) 分别给出了图 2-24(a) 的两个相邻正射影像，图 2-24(a) 中出现的亮斑在图 2-24(e) 和 (f) 中没有出现。融合图 2-24(e) 和 (f) 检测到的水域范围，图 2-24(a) 中最终检测到的水域范围如图 2-24(g) 所示，即突出显示的区域。可见，水域及水域中的亮斑都被检测到了，检测的水域范围排除了长江中一些船只的影响，部分影像中出现的运动的船只区域也被正确检测为水域范围。图 2-24(h) 显示了使用 SRG 算法检测到的水域范围，即突出显示的区域，该结果是通过单个正射图像即图 2-24(a) 检测得到的。图 2-24(i) 是通过 SRG 最终检测到的水域范围，该结果是通过将图 2-24(a)、(e) 和 (f) 所示的三幅正射影像分别用 SRG 算法检测得到的水域范围融合得到的水域范围。图 2-24(j) 显示了基于梯度影像，采用 SRG 算法，融合图 2-24(a)、(e) 和 (f) 三幅正射影像检测的水域范围得到的最终的水域范围。图 2-24(a)、图 2-24(e) 和图 2-24(f) 中的标记点是 SRG 算法中手动选定的种子点。从结果比较中可以看出，梯度影像更适合于检测水域范围。

（a）包含水域和亮斑的正射影像

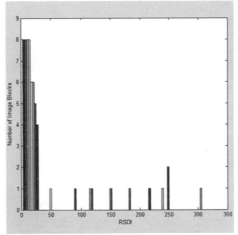

（b）第一次划分后的 RSDI 直方图

（c）基于三次划分粗略检测的水域范围

（d）基于梯度影像精确化后的水域范围

（e）图（a）的一幅相邻正射影像

（f）图（a）的另一幅相邻正射影像

图 2-24 水域及其亮斑的自动检测（1）

（g）最终检测的水域范围(含亮斑)　　　　　（h）SRG 算法检测到的水域范围

（i）SRG 算法最终检测到的水域范围　　　（j）梯度影像 SRG 算法最终检测到的水域范围

图 2-24　水域及其亮斑的自动检测(2)

　　表 2-4 以手工勾画的水域范围为参考，进一步比较了 SRG 算法、梯度影像 SRG 算法以及基于多次划分的水域自动检测等方法检测得到的水域范围。人工勾画的参考水域中，总共有 1817065 个像素。实验中，通过 SRG 算法、梯度影像 SRG 算法以及基于多次划分的水域自动检测等方法，分别检测得到 758858，1793883 和 1809869 个像素的水域范围。由于水域中存在波浪，SRG 算法未检测出大部分水体。梯度影像 SRG 算法获得的结果得到了极大改善。然而，由于粗检测速度非常快，且基于粗检测结果进行的区域生长仅在小范围进行，因此基于多次划分的水域自动检测方法耗时最短。

表 2-4　　　　　　　**SRG、梯度影像 SRG 以及本节水域检测方法比较**

比较对象	参考	SRG	梯度图像中的 SRG	本节方法
水体(像素)	1817065	758858	1793883	1809869
时间(ms)	N/A	4511	7720	4391

2.5　本章小结

本章在上一章分析航空影像成像特点及色彩差异成因的基础上，针对多种色彩差异现象，分别提出了相应的匀色处理方法。具体包括：

(1)针对单幅航空影像的色彩不一致现象，基于像片晒印中的 Mask 匀光原理，提出了适用于数字影像的基于 Mask 的影像匀色处理方法；通过将影像中减去基于低通滤波生成的背景影像，以及随后的拉伸处理获得匀色后的影像。针对 DMC 影像特殊的色彩过渡不平滑现象，采用分层策略，提出了一种基于过渡区域自动定位的处理方法；基于边缘检测原理，通过采用分层策略以及投票机制对过渡区域进行定位，在过渡区域定位的基础上，通过 CCD 影像间的整体重建以及过渡区域的局部重建来消除 DMC 影像中的色彩过渡不平滑现象。

(2)针对影像间的色彩不一致现象，结合了线性与非线性方法的优点，提出了一种整体与局部相结合的影像间色彩一致性处理方法；在整体上，采用 IR-MAD 在影像间的重叠区域选取像素样本，利用线性模型描述影像间的关系，并基于 Voronoi 图确定影像间的邻接关系，基于最短路径确定影像间关系的传递路径，进行质量控制；在局部，在相邻影像重叠区以几何形态的相似度为准则，采用相关系数筛选像素样本，然后基于选取的像素样本采用非线性关系进行局部处理；对于影像间重叠区与非重叠区的边界附近一定范围内的像素，则根据重叠区获得的线性关系和非线性关系在一定范围内进行过渡，从而得到整体和局部亮度、色彩都更一致的影像。

(3)分析了航空影像中特殊区域对色彩一致性处理的影响，在匀色处理过程中采用了将水域、亮斑、阴影、云、雪等特殊区域排除在外的策略以提高匀色效果；为了确定特殊区域的范围，针对缺少红外波段的航空影像，提出了基于多次划分的水域自动检测方法，基于多次具有一定偏移的影像纹理信息采样数据，提高了水域粗检测的可靠性与精度，在此基础上基于梯度空间进一步细化获得了更准确的水域范围；在单幅影像水域检测的基础上，通过融合多幅影像检测得到的水域范围，间接获得了水域中亮斑区域的范围，并分析了亮斑可检测性与影像重叠度和亮斑区域大小之间的关系。

第三章　影像镶嵌处理

3.1　引言

影像镶嵌是将多幅影像拼接在一起形成一幅更大范围的影像的处理，它也是正射影像产品生产过程中的一个主要环节。对于没有经过几何纠正的影像虽然也可以进行镶嵌处理，但对于航空影像的镶嵌处理而言，更常见的是基于已经经过几何纠正的影像，也就是正射影像来进行的，这些影像之间通常具有一定的重叠度（比如30%~60%）。在对正射影像进行镶嵌时，多数情况下，两幅不同摄影角度获取的影像，即使摄影角度的差别很小，影像中目标的阴影和闪烁区域也会不同。此时如果不采用基于接缝线的方式进行镶嵌处理，将会使生成的镶嵌结果不能反映地物的真实情况（Fernández 等，1998）。所以基于接缝线的镶嵌方法得到了越来越广泛的应用，是航空影像镶嵌处理中普遍采用的方法。图3-1 是基于接缝线的镶嵌方法示意图。图 3-1 所示的是两幅正射影像镶嵌的例子——影像 *A* 和影像 *B*，镶嵌时，在两幅影像的重叠区域定义一条接缝线。这样在接缝线的左边取左影像的像素，接缝线的右边取右影像的像素，在最终镶嵌结果影像中的每个像素都可以仅被一幅正射影像表示。最后再沿接缝线进行羽化处理即可获得最终的无缝镶嵌影像。因此，接缝线的生成是关键步骤之一，是影响最终镶嵌质量的重要因素。

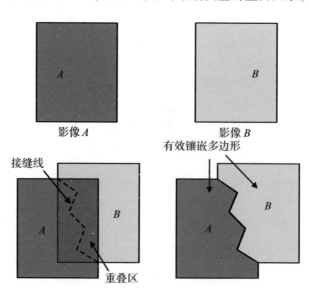

图 3-1　基于接缝线的镶嵌方法示意图

接缝线是在影像重叠区按一定规则确定的镶嵌线，其主要目的是确保镶嵌影像中地物目标的完整性。目前接缝线生成方法通常采用一定的测度（如像元差异、纹理差异、色彩差异或分割区域差异等）计算重叠区域的差异，然后采用一定的搜索策略选择一条差异最小的路径作为镶嵌线（李军等，1995；Milgram，1975；Milgram，1977；Fernández 等，1998；Schickler 等，1998；Fernández 等，1999；Kerschner，2001；孙明伟等，2009；张剑清等，2009；Chon 等，2010；Yu 等，2012；袁修孝等，2012；韩天庆，2014；Pan 等，2015；岳贵杰等，2015；袁胜古等，2015；袁修孝等，2015）；或者利用影像分割等使接缝线尽可能地沿着明显地物的边界，用地物的边界"掩盖"镶嵌时可能出现的接缝（Soille，2006；陈继溢，2015）；或者基于道路矢量、DSM 等辅助数据（左志权等，2011；Wan 等，2013；Chen 等，2014）对城市区域镶嵌时接缝线的走向进行优化。这些方法多数只关注两幅影像的情况，并没有考虑如何将单独的接缝线连接形成接缝线网络，并进而形成每幅正射影像的有效镶嵌多边形，即每幅正射影像中对镶嵌有贡献的像素的范围。直接利用这些方法进行镶嵌时，则需要采用两两镶嵌的方法（Afek 等，1998；蒋红成，2004），存在中间结果，且结果依赖处理顺序。为了避免这些缺点，Hsu 等（2002）采用基于 Manhattan 距离的常规 Voronoi 图的方法来生成接缝线，并形成有效镶嵌多边形。但是常规的 Voronoi 图是基于点集的，如果用每幅正射影像中的一个点（比如像幅中心点或者像主点）来构成一个点集，以此来进行接缝线和有效镶嵌多边形的生成，则可能会导致存在不被任何影像覆盖的区域。图 3-2 是采用基于 Manhattan 距离的常规 Voronoi 图生成的接缝线示意图，其中 Voronoi 图的生成元取的是像幅中心点。图中，O_A 和 O_B 分别是影像 A 和影像 B 的像幅中心点，影像 A 和影像 B 之间的虚线是采用基于 Manhattan 距离的常规 Voronoi 图生成的接缝线。可以看到，接缝线有两部分落在了两幅影像的重叠区之外。如果基于该接缝线进行镶嵌处理，则最后的镶嵌结果影像中图的两个阴影区域将既不被影像 A 覆盖，也不被影像 B 覆盖。Xandri 等（2005）提出了一种将单独的接缝线连接成有效镶嵌多边形的方法，将接缝线分为沿航带的接缝线和穿越航带的接缝线。这种方法需要知道关于测区的航带信息，在一些应用中存在一定的限制。因此，一些学者在航空影像的镶嵌处理中，进一步提出了接缝线网络的生成与优化方法（Pan 等，2009；Mills 等，2013；Pan 等，2014；Chen

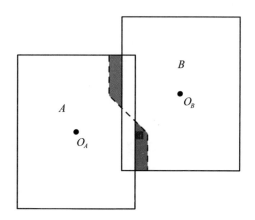

图 3-2　采用基于 Manhattan 距离的常规 Voronoi 图生成的接缝线示意图（像幅中心点）

等，2014；Li 等，2016；Song 等，2017），可从整体上确定各影像的有效镶嵌范围，优化接缝线的走向。

总的来说，众多学者对于接缝线的生成做了很多深入的研究，但是多数方法只关注于两幅影像之间局部接缝线的生成，对于整体考虑不够。如何生成基于整体的接缝线，将单独的接缝线连接形成接缝线网络，并基于影像的内容对接缝线网络进行优化，从而形成每幅正射影像的有效镶嵌多边形，是解决大范围镶嵌的效率问题，并保证镶嵌质量的关键。因此在进行实际的镶嵌处理时，所采用的处理流程如图 3-3 所示。本章将主要阐述接缝线网络生成及基于接缝线网络的整体镶嵌，接缝线网络的自动优化则在第四章详细阐述。

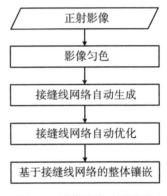

图 3-3　影像镶嵌处理流程

3.2　基于顾及重叠的面 Voronoi 图的接缝线网络生成

在基于接缝线的镶嵌过程中，实际上每幅正射影像的范围都被接缝线分割成为了一个有效镶嵌多边形（Effective Mosaic Polygon，EMP），如图 3-4 所示。有效镶嵌多边形定义了每幅正射影像中的有用部分，这样镶嵌处理就变成了基于有效镶嵌多边形将每幅正射影像中有用部分拼贴合成到一起的处理。采用这种方法对多幅影像进行镶嵌处理时，需要将接缝线扩展成接缝线网络，即需要生成基于整体的接缝线，并将单独的接缝线连接形成接缝线网络，从而确定出每幅影像的有效镶嵌多边形。基于接缝线网络的镶嵌方法示意图如图 3-4 所示，A，B，C 是三幅相互重叠的正射影像，通过连接单独的接缝线形成接缝线网络，每幅正射影像的范围就被划分成了一个有效镶嵌多边形，在有效镶嵌范围内的像素对最终的镶嵌结果有贡献。镶嵌时，在最终镶嵌结果影像中的每个像素仅用一幅正射影像中的像素值表示，这取决于该像素位于哪幅正射影像的有效镶嵌多边形内。这样，我们就可以消除镶嵌过程中的数据冗余，特别是对于具有高重叠度的影像数据。这对于大范围的影像镶嵌应用来说是非常重要的。因为大范围的影像镶嵌中，高重叠度造成的数据冗余、高分辨率（包括几何分辨率和辐射分辨率）引起的大数据量等因素使得镶嵌的效率变得更为突出。因此，从效率的角度考虑，对于大范围的影像镶嵌，采用基于接缝线网络的镶嵌方法是非常有必要的。

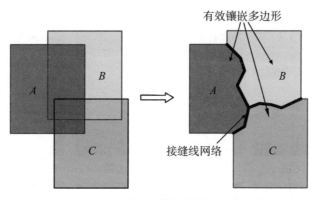

图 3-4　基于接缝线网络的镶嵌方法示意图

Voronoi 图是计算几何中的一个基础数据结构，目前已经被广泛应用到了与空间划分相关的许多领域中。常规的 Voronoi 图是以点为生成元的，为了适应各种应用的实际需求，人们对其进行了深入的研究，对常规 Voronoi 图进行了各种扩展，形成了多种广义 Voronoi 图。Aurenhammer（1991），Aurenhammer 等（2000），Okabe 等（1994），Okabe 等（2000），陈军（2002）和刘金义等（2004）对这些模型以及相关的应用作了综述，Chen 等（2004），Alliez 等（2005），Asano 等（2006），Reitsma 等（2007）和 Wein 等（2007）也分别给出了关于 Voronoi 图的一些新的扩展和应用。本章进一步扩展了面 Voronoi 图，提出了一种新的顾及重叠的面 Voronoi 图。对于大范围的正射影像镶嵌，首先基于顾及重叠的面 Voronoi 图自动生成初始接缝线网络，形成了各影像的有效镶嵌多边形，然后再利用重叠区的影像内容对初始的接缝线网络进行优化。采用这种方法生成的接缝线网络整体考虑了区域范围内的所有正射影像，可以方便地确定出各影像中对最终镶嵌有贡献的像素，有利于进行大范围的影像镶嵌，便于直接生成镶嵌结果，减少中间环节，提高生产效率，并可保证镶嵌的质量，同时在应用中也具有更大的灵活性。

3.2.1　顾及重叠的面 Voronoi 图理论

在进行影像镶嵌时，实际上每幅影像的有效范围是一个面，面之间存在重叠，用于镶嵌的所有影像的有效范围就构成了一个面的集合，各影像有效镶嵌多边形的确定其实是一个对面之间具有重叠的面集的空间划分问题，即如何生成基于整体的接缝线网络，从而对整个影像覆盖范围进行没有冗余、无缝的划分，进而确定出每幅影像的有效镶嵌多边形。但现有的 Voronoi 图并不能解决这个问题。常规 Voronoi 图是基于点集的，生成元为点，图 3-5 显示了一个基于点集的常规 Voronoi 图的例子。但每幅影像的有效范围是一个面，用于镶嵌的各影像有效范围构成的是一个面集。如果采用每幅影像中的一个点来构成一个点集，比如像片中心点，则无法保证生成的接缝线位于影像间的重叠区域，这会导致镶嵌结果中存在不被任何影像覆盖的地方。而面 Voronoi 图虽然是以面为生成元，但它不允许面之间具有重叠。图 3-6 显示了一个面 Voronoi 图的例子。因此为了满足影像镶嵌的实际应用，对面 Voronoi 图进行了扩展，提出了一种新的顾及重叠的面 Voronoi 图，其具有如下特点：

（1）整个被划分区域是有限的，即多个面的并集，且各面之间允许存在重叠；

（2）Voronoi 图的形成以每两个具有重叠的面之间的非重叠部分为控制元素，它实际上是对面之间重叠区域归属的重新划分；

（3）这种对面集覆盖范围的划分是唯一的，且这种划分是没有冗余且无缝的。

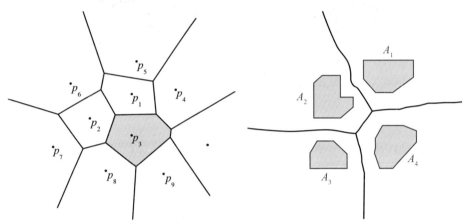

图 3-5 常规 Voronoi 图（Okabe 等，1994）　　图 3-6 面 Voronoi 图（Okabe 等，1994）

1. 定义

设平面上的一个面集 $A = \{A_1, A_2, \cdots, A_n\}$，其中任意一个面都不被其他任何一个面包含，即 $A_i \not\subset A_j (\forall i \neq j, i, j \in I_n = \{1, 2, \cdots, n\})$，且不同的面之间允许重叠。顾及重叠的面 Voronoi 图中点到面之间的距离是以两个面之间的非重叠部分为控制元素来定义的。设面 A_i 和 A_j 为面集 A 中任意两个面（$i \neq j$, $i, j \in I_n = \{1, 2, \cdots, n\}$），若 $A_i \cap A_j \neq \varnothing$，设 $A_i \cap A_j = O_j$，$A_i = A'_i \cup O_j$，$A_j = A'_j \cup O_j$（即 A'_i 和 A'_j 分别是 A_i 和 A_j 间不重叠的部分），$\forall p \in A_i \cup A_j$，点 p 在面 A_j 的约束下到面 A_i 的距离 $d_a(p, A_i, A_j)$ 定义为点 p 到 A'_i 中的点的最小距离：

$$d_a(p, A_i, A_j) = \min_{q \in A'_i} d(p, q) \tag{3-1}$$

距离为欧式距离，显然若 $p \in A'_i$，则 $d_a(p, A_i, A_j) = 0$，此时面 A_i 和 A_j 的平分线为：

$$B(A_i, A_j) = \{p \mid d_a(p, A_i, A_j) = d_a(p, A_j, A_i), p \in A_i \cup A_j\} \tag{3-2}$$

$B(A_i, A_j)$ 上的点到面 A_i 和 A_j 的距离相等。面 A_i 在面 A_j 约束下的 Voronoi 多边形为：

$$V(A_i, A_j) = \{p \mid d_a(p, A_i, A_j) \leqslant d_a(p, A_j, A_i), p \in A_i \cup A_j\} \tag{3-3}$$

若 $A_i \cap A_j = \varnothing$，此时，$A_i = A'_i$，$A_j = A'_j$，$\forall p \in A_i \cup A_j$，点 p 在面 A_j 约束下到面 A_i 的距离为 $d_a(p, A_i, A_j) = \min_{q \in A_i} d(p, q)$，显然 $\forall p \in A_i$，$d_a(p, A_i, A_j) = 0 < d_a(p, A_j, A_i)$，则 $V(A_i, A_j) = A_i$，即与面 A_i 不重叠的面对其 Voronoi 多边形的生成不产生影响，此时由于两个面彼此不重叠，因此它们之间不存在平分线。

$\forall p \in A$，其到面 A_i 的距离 $d_a(p, A_i)$ 定义为：

$$d_a(p, A_i) = \max_{j \in I_n, j \neq i} d_a(p, A_i, A_j) \tag{3-4}$$

任意面 A_i 的 Voronoi 多边形为：

$$V(A_i) = \bigcap_{j \in I_n, j \neq i} V(A_i, A_j) = \{p \mid d_a(p, A_i) \leqslant d_a(p, A_j), j \neq i, j \in I_n, p \in A\}$$

(3-5)

即任意面 A_i 的 Voronoi 多边形是面 A_i 在其他各面约束下形成的 Voronoi 多边形的交集，也是距离面 A_i 最近的点的集合。考虑到相互不重叠的面不影响 Voronoi 多边形的生成，任意面 A_i 的 Voronoi 多边形可进一步简化。设有 m 个面与面 A_i 重叠($0 \leqslant m < n$)，分别为 A_{m_1}，A_{m_2}，$\cdots$，A_{m_m}，其中 m_1，m_2，$\cdots$，$m_m \in I_n$，对于任意一个与 A_i 具有重叠的面 A_{m_j}，$j \in I_m = \{1, 2, \cdots, m\}$，任意面 A_i 的 Voronoi 多边形可简化为：

$$V(A_i) = \bigcap_{j \in I_m} V(A_i, A_{m_j})$$

(3-6)

所有的面 A_1，A_2，$\cdots$，A_n 的 Voronoi 多边形的集合即为面集 A 的 Voronoi 图：

$$V = \{V(A_1), V(A_2), V(A_3), \cdots, V(A_n)\}$$

(3-7)

Voronoi 边为两个 Voronoi 多边形的公共边($V(A_i) \cap V(A_j) \neq \varnothing$)：

$$V_E(A_i, A_j) = V(A_i) \cap V(A_j) =$$
$$\{p \mid d_a(p, A_i) = d_a(p, A_j) \leqslant d_a(p, A_k), k \neq i \neq j, k \in I_n, p \in A\}$$

(3-8)

Voronoi 顶点为三个 Voronoi 多边形的交点($V(A_i) \cap V(A_j) \cap V(A_k) \neq \varnothing$)：

$$V_V(A_i, A_j, A_k) = V(A_i) \cap V(A_j) \cap V(A_k) = V_E(A_i, A_j) \cap V_E(A_i, A_k) \cap V_E(A_j, A_k)$$
$$= \{p \mid d_a(p, A_i) = d_a(p, A_j) = d_a(p, A_k) \leqslant d_a(p, A_l), l \neq i \neq j \neq k, l \in I_n, p \in A\}$$

(3-9)

顾及重叠的面 Voronoi 图将相邻的具有重叠的面之间的非重叠部分(包括边界)作为生成元。而且，当采用顾及重叠的面 Voronoi 图对具有重叠的面集进行划分时，被划分区域的范围是有限的，也就是面集中所有面的范围的并集。由于对于面集中的每个面来说，与其不重叠的面对其 Voronoi 多边形的生成不产生影响，因此 Voronoi 多边形的生成实际上是对面之间重叠区域归属的重新划分，且 Voronoi 多边形的范围不超出所属面的范围。Voronoi 边是两个 Voronoi 多边形的公共边，位于相邻面之间的重叠部分，Voronoi 边上任意一点到两个相应面之间距离相等。Voronoi 顶点是至少三个 Voronoi 多边形的公共点，也是至少三条 Voronoi 边的交点，位于面之间的多度(至少三度)重叠部分。图 3-7 是三个面的集合 $A = \{A_1, A_2, A_3\}$ 的 Voronoi 图的示意图，图中的 Voronoi 顶点是三条 Voronoi 边的交点。图 3-8 是四个面的集合 $A = \{A_1, A_2, A_3, A_4\}$ 的 Voronoi 图的示意图，图中的 Voronoi 顶点是四条 Voronoi 边的交点。

对于顾及重叠的面 Voronoi 图生成过程中面之间的复杂重叠情况采用了通过对面进行分解的方式简化面之间的重叠，从而使顾及重叠的面 Voronoi 图的生成方法更为通用。通常情况下面之间的重叠比较简单，得到的面的 Voronoi 多边形是一个简单多边形，图 3-7 和图 3-8 给出了两个这样的例子。但有时候，面之间的重叠情况会非常复杂，生成的面的 Voronoi 多边形可能将不再是一个简单多边形，而是两个或多个简单多边形的组合。图 3-9 给出了一个复杂重叠情况的例子。图 3-9(a)中，$A \cap B = O$，图 3-9(b)是图 3-9(a)的 Voronoi 图，显然，面 B 的 Voronoi 多边形由两个简单多边形构成。对于这种面之间复杂的交叉重叠情况，为了简化计算，可以将其分解为几个面之间简单重叠的组合。图 3-9(a)

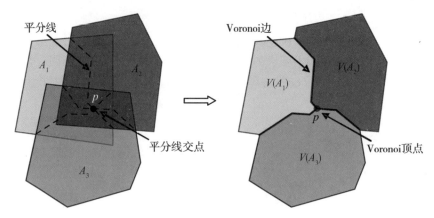

图 3-7　面集 $A = \{A_1 , A_2 , A_3\}$ 的 Voronoi 图

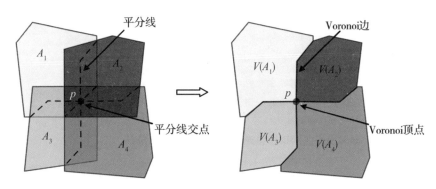

图 3-8　面集 $A = \{A_1 , A_2 , A_3 , A_4\}$ 的 Voronoi 图

的这种情况可以分解为四个面之间简单重叠的组合，如图 3-9(c) 所示，即面 A_1，A_2，B_1，B_2，其中 $A_1 \cap A_2 \cap B_1 \cap B_2 = O$，此时的 Voronoi 图如图 3-9(d) 所示，每个面的 Voronoi 多边形都是一个简单多边形。

2. 性质

定理 3-1　如果两个面确定了一条 Voronoi 边，则该边为这两个面的平分线或其中的一部分；如果三个面确定了一个 Voronoi 顶点，则该顶点为这三个面相互之间的平分线的交点。

证明：设面 A_i 和 A_j 确定了一条 Voronoi 边，则根据上述定义有，$V_E(A_i , A_j) = V(A_i) \cap V(A_j) = B(A_i , A_j) \underset{l \in I_n, \ l \neq j}{\cap} V(A_i , A_l) \underset{m \in I_n, \ m \neq i}{\cap} V(A_j , A_m)$，则显然有，$V_E(A_i , A_j) \subseteq B(A_i , A_j)$，即 $V_E(A_i , A_j)$ 是这两个面的平分线或其中的一部分。

设面 A_i、A_j 和 A_k 确定了一个 Voronoi 顶点，则根据定义 3.2.1.1 有，$V_V(A_i , A_j , A_k) = V_E(A_i , A_j) \cap V_E(A_i , A_k) \cap V_E(A_j , A_k)$，又根据前面的结论，于是有 $V_V(A_i , A_j , A_k) \subseteq B(A_i , A_j) \cap B(A_i , A_k) \cap B(A_j , A_k)$，因此 Voronoi 顶点是三个面相互之间的平分线的交点，得证。

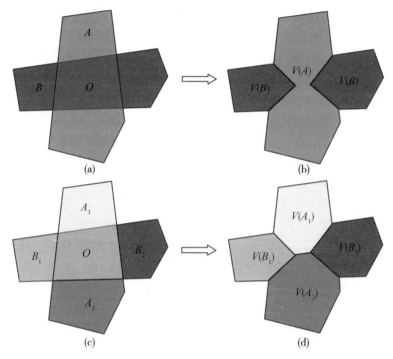

图 3-9 复杂重叠情况的分解及其 Voronoi 图

定理 3-2 顾及重叠的面 Voronoi 图对面集覆盖范围的划分是唯一的，且这种划分是没有冗余的、无缝的。

证明： 根据定义可知，除了 Voronoi 边上的点和 Voronoi 顶点，面集中任意一个点都唯一地属于与其距离最近的面，这种距离的定义是确定的，其具体大小是可以计算的，因此顾及重叠的面 Voronoi 图对面集覆盖范围的划分是唯一的。

设面 A_i 和 A_j 是面集 $A = \{A_1, A_2, \cdots, A_n\}$ 中的两个面，$i \neq j$；$i, j \in I_n$，如果 $V(A_i) \cap V(A_j) \neq \varnothing$，即这两个面的 Voronoi 多边形相邻，则根据定理 3-1 有，$V(A_i) \cap V(A_j) = V_E(A_i, A_j) \subseteq B(A_i, A_j)$，即两个面的 Voronoi 多边形的重叠部分为面 A_i 与 A_j 的平分线或其中的一部分；如果 $V(A_i) \cap V(A_j) = \varnothing$，则两个面的 Voronoi 多边形没有重叠。因此这种划分是没有冗余的。

对于面集中的任意一个点 p，要么其距离某个面最近，要么其到两个或多个面的距离相等，且小于其到其他面的距离。若 $\forall j \neq i$，$j \in I_n$，都有 $d_a(p, A_i) < d_a(p, A_j)$，即点 p 到面 A_i 的距离小于点 p 到其他面的距离，根据顾及重叠的面 Voronoi 图的定义知 $p \in V(A_i)$；若 $\forall k \neq i \neq j$，$k \in I_n$，都有 $d_a(p, A_i) = d_a(p, A_j) \leqslant d_a(p, A_k)$，即点 p 到面 A_i 和 A_j 的距离相等，且不大于到其他面的距离，则根据顾及重叠的面 Voronoi 图的定义知点 p 在面 A_i 和 A_j 确定的 Voronoi 边上，即 $p \in V_E(A_i, A_j) = V(A_i) \cap V(A_j)$；若点 p 到三个或多个面的距离相等，且不大于到其他面的距离的情况时，根据顾及重叠的面 Voronoi 图的定义知点 p 为三个或多个面确定的 Voronoi 节点，是三个或多个 Voronoi 多边形的交点。因此，对于面集中的任意一个点 p，点 p 要么属于某个面的 Voronoi 多边形，要么在 Voronoi

边上，要么是 Voronoi 顶点，而 Voronoi 顶点和 Voronoi 边又都是 Voronoi 多边形的公共部分，所以不存在不属于任何 Voronoi 多边形的点，即这种划分是无缝的。定理得证。

3.2.2　基于矢量的接缝线网络生成

考虑到顾及重叠的面 Voronoi 图允许面之间具有重叠，是对重叠区域归属的重新划分，且这种划分是没有冗余的、无缝的，比较符合影像镶嵌的需求，因此，可基于顾及重叠的面 Voronoi 图进行初始接缝线网络的生成，其生成的接缝线网络可对各影像覆盖范围进行有效划分，形成每幅影像的有效镶嵌多边形，可保证镶嵌处理的灵活性与效率，避免中间结果的产生，处理结果也与影像的顺序无关。

接缝线网络是各单独的接缝线相互连接而形成的网络，它一方面起到了划分所有影像覆盖范围的作用，确定各影像的有效镶嵌多边形，另一方面，它是随后进行的羽化处理（即沿接缝线的色彩过渡处理）的基础。基于顾及重叠的面 Voronoi 图进行接缝线网络的生成时，根据各影像的有效范围生成 Voronoi 图，各影像的有效镶嵌多边形就是生成的顾及重叠的面 Voronoi 图中各影像所属的 Voronoi 多边形，其中的每一段接缝线也就是相邻 Voronoi 多边形的公共边。因此有效镶嵌多边形的确定，也就是 Voronoi 多边形的生成。首先需要获取各影像的有效范围，形成一个面集；接着计算每两个重叠影像间的平分线（即面之间的平分线），据此生成该面集的顾及重叠的面 Voronoi 图，得到各影像所属的 Voronoi 多边形；然后求出各 Voronoi 多边形之间的公共边，即每段接缝线，各段接缝线彼此相互连接就构成了初始的接缝线网络。

1. 确定影像的有效范围

由于影像只能按矩形存储，经过正射校正后生成的正射影像中没有影像数据的区域一般用最小的灰度级或最大灰度级填充，即无效像素区域。所以影像文件的坐标范围并不代表该影像的实际有效范围，影像的四周会存在一些无效像素区域，即没有被影像内容所覆盖的区域。这些无效像素区域如果没有被排除在影像的有效范围内，会对后续镶嵌处理产生不利的影响。如果接缝线落入或者穿越这些无效像素区域，则会导致最终镶嵌影像中同样存在无效像素区域，不能反映地物的真实情况。因此为了防止接缝线落入或穿越无效区域，有必要首先确定每个正射影像的有效像素区域，即具有有效像素值的多边形区域，将无效像素区域排除在外。

考虑到无效像素区域只位于影像四周的外围区域，首先采用边界跟踪的方法获得影像有效范围的外轮廓点集，然后为了减少 Voronoi 多边形生成时的复杂度与计算量，采用 Douglas-Peuker 算法对获得的外轮廓点集进行简化，进而进行凸包运算，获得的凸多边形作为影像近似的有效范围。影像有效范围的外轮廓点集采用边界跟踪方法获得（谷口庆治等，2001），只涉及外侧边界的跟踪，不存在内侧边界的跟踪。边界跟踪基于 8 邻域进行，边界像素点的定义是在 4 邻域的像素中有一个以上的无效像素存在。

2. 计算重叠影像间的平分线

重叠影像是指影像的有效范围具有重叠区的影像，重叠影像间的平分线即是重叠区域的平分线。根据顾及重叠的面 Voronoi 图的定义知，重叠影像间平分线上的点到两影像非重叠部分的距离相等。由于两影像非重叠部分的边界也就是重叠区域的边界，因此这样的点实际上是属于重叠区域边界的中轴，也就是说重叠影像间的平分线是重叠区域多边形中轴的一部分。

在生成重叠影像间平分线时，对于重叠区域的凸多边形，采用了将复杂凸多边形逐步简化的思想，依次计算任意相邻三边的角平分线交点到中间边的距离，根据中轴点(即重叠影像间平分线的顶点)为到中间边距离最短的角平分线交点的原则，逐步确定中轴点，并对重叠区的凸多边形进行简化，直至简化为三角形，从而得到所有的中轴点，然后根据多边形顶点和中轴点、中轴点和中轴点的连通情况，采用二叉树遍历的方法，搜索得到重叠影像间的平分线。其生成方法是以矢量计算的方式来实现的，具体过程如下：

(1)计算相邻影像有效范围的重叠区域，即求相邻影像有效范围凸多边形的公共部分，比如采用多边形裁减算法；由于影像有效范围采用凸多边形表示，因此相邻影像有效范围重叠区域的多边形仍然为凸多边形。如图 3-10(a)所示，设图 3-10(a)中的一个四边形和一个五边形分别表示两幅影像的有效范围，阴影区域表示两幅影像有效范围的重叠区，则该步骤就是要计算得到阴影区域的多边形，即凸多边形为 $\overline{P_1P_2P_3P_4P_5}$。

(2)设相邻影像有效范围的重叠区域凸多边形为 $\overline{P_1P_2\cdots P_n}$($n$ 表示边数)，首先计算任意相邻三边的角平分线交点到中间边的距离，将到中间边距离最短的角平分线交点设为 M_1；然后延长对应三边中的第一条边和第三条边并交于某一点，如果第一条边和第三条边是平行线，则规定第一条边和第三条边的延长线交于以第二条边为基准的多边形无边一侧的无穷远处；接着构建新的凸多边形，新的凸多边形去掉了 M_1 对应的三边中的中间边的两个顶点，加入了第一条边和第三条边延长线的交点；最后对新的凸多边形的顶点重新编号，得到新的凸多边形 $\overline{P_1P_2\cdots P_{n-1}}$。

如图 3-10(b)所示，对于相邻影像有效范围重叠区域的凸多边形 $\overline{P_1P_2P_3P_4P_5}$，经计算后，相邻三边 P_2P_3，P_3P_4，P_4P_5 计算得到的角平分线交点到中间边的距离最短，其对应的交点设为 M_1，然后延长 P_2P_3 和 P_4P_5 交于一点，接着构建新凸多边形，并对新凸多边形的顶点重新编号，得到新凸多边形 $\overline{P_1P_2P_3P_4}$，如图 3-10(c)所示。

(3)对于步骤(2)所得新的凸多边形，重复步骤(2)，依次得到相邻三边的角平分线交点到中间边距离最短的交点 M_2，M_3，$\cdots$，M_{n-3}，每得到一个交点就产生一个新的凸多边形，直至新的凸多边形为三角形为止，取三角形内心作为最后一个交点 M_{n-2}，将依次得到的交点 M_1，M_2，$\cdots$，M_{n-2}，称为中轴点。

如图 3-10(c)所示，对于新凸多边形 $\overline{P_1P_2P_3P_4}$，相邻三边 P_2P_3，P_3P_4，P_4P_1 计算得到的角平分线交点到中间边的距离最短，其对应的交点设为 M_2，然后延长 P_2P_3 和 P_4P_1 交于一点，并得到新的凸多边形 $\overline{P_1P_2P_3}$，如图 3-10(d)所示，由于 $\overline{P_1P_2P_3}$ 为三角形，因此最后取三角形 $\overline{P_1P_2P_3}$ 的内心作为最后一个交点 M_3，这样便得到了图 3-10 所示重叠区凸多边形的所有中轴点 M_1，M_2，M_3。

(4)依据中轴点在相邻影像间的重叠区域凸多边形的顶点所在内角的角平分线上的性质，确定每个中轴点与重叠区域凸多边形各顶点之间的连通关系；同时依据中轴点到任意相邻三边中第一条边和第三条边距离相等的性质，确定各中轴点之间的连通关系。如图

3-10(c)所示，对于中轴点 M_1，由于 M_1 分别在凸多边形 $\overline{P_1P_2P_3P_4P_5}$ 顶点 P_3，P_4 所在内角的角平分线上，因此 M_1 与顶点 P_3，P_4 可连通，同理可知 M_2 与顶点 P_1，P_2 可连通，M_3 与顶点 P_5 可连通；对于中轴点 M_1 和 M_2，由于 M_1 到边 P_2P_3 和 P_4P_5 的距离相等，而 M_2 到边 P_2P_3 和 P_4P_5 的距离不相等，因此 M_1，M_2 不可连通，同理可知，M_1，M_3 可连通，M_2，M_3 可连通。

（5）确定相邻影像间的分割线的起点和终点，确定方式：如果相邻影像有效范围凸多边形边界的交点为两个，则这两个交点分别为相邻影像间的分割线的起点和终点，如果相邻影像有效范围凸多边形边界的交点多于两个，则起点终点为距离最远的两个交点。如图 3-10(a)所示，相邻影像有效范围凸多边形边界的交点为 P_1 和 P_3，因此相邻影像间的分割线的起点和终点分别为 P_1 和 P_3；

（6）根据步骤（4）所得重叠区域凸多边形的各顶点和中轴点、中轴点和中轴点的连通情况，以及步骤（5）所得相邻影像间的分割线的起点和终点，计算相邻影像间的分割线。如图 3-10(e)所示，相邻影像间的分割线的起点和终点分别为 P_1 和 P_3，由于 P_1 和 M_2 可连通，M_2 和 M_3 可连通，M_1 和 M_3 可连通，M_1 和 P_3 可连通，因此相邻影像间的分割线为 $P_1M_2M_3M_1P_3$。

3. 生成 Voronoi 多边形

得到每两个重叠影像间的平分线之后，还需要在此基础上生成各影像所属的 Voronoi 多边形（即有效镶嵌多边形），形成 Voronoi 图，以对所有影像的有效范围进行划分。对每幅影像，在生成其所属的 Voronoi 多边形时，需要根据与其具有重叠的影像间的平分线，依次对其有效范围进行划分，具体生成过程如下：

（1）依次计算重叠影像间的平分线。

（2）计算各影像的有效镶嵌多边形，也就是各影像所属的 Voronoi 多边形。对一幅影像，依次用与其具有重叠的影像间的平分线去裁剪其有效范围。每次裁剪结果作为下一次裁剪操作的输入数据。这样一幅影像的有效范围就被不断划分形成一个多边形，即该影像所属的 Voronoi 多边形。例如对某一影像 X，设与影像 X 有重叠的相邻影像为 Y_1，Y_2，…，Y_N（N 为与影像 X 有重叠的相邻影像的个数），依次用影像 X 与相邻影像 Y_1，Y_2，…，Y_N 间的平分线去裁剪影像 X 的有效范围。由于是采用影像间的平分线进行裁剪处理，因此裁剪处理结果与顺序无关，依次用影像 X 与相邻影像 Y_1，Y_2，…，Y_N 间的平分线去裁剪时，相邻影像的顺序可以任意指定。每次裁剪时，以相邻影像有效范围的重叠区域为参考，确定相邻影像有效范围凸多边形边界的每个交点（相邻影像有效范围的交点）是出点还是入点，出点和入点成对出现，由入点开始沿平分线追踪，当遇到出点时跳转至影像有效范围的多边形继续追踪，如果再次遇到入点则跳转至平分线继续追踪；重复以上过程，直至回到起始入点，完成裁剪操作，得到当前裁剪影像 X 的有效范围；每次裁剪得到的有效范围作为下一次裁剪处理时影像 X 有效范围的输入数据，最后一次裁剪得到的有效范围作为影像 X 的有效镶嵌多边形，也就是影像 X 所属的 Voronoi 多边形。

图 3-11 给出了用影像间的平分线裁剪影像有效范围的示意图，图中影像 A 和影像 B 的有效范围为矩形，矩形中点的顺序为顺时针方向，a 和 d 点是两个影像有效范围的矩形的交点，折线段 $abcd$ 是两影像间的平分线。当用平分线去裁剪影像 A 的有效范围时，对

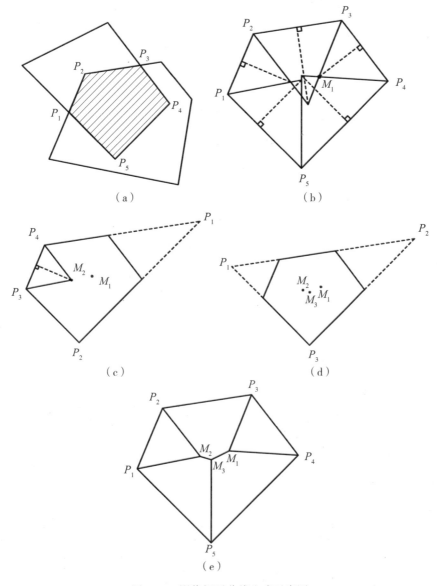

图 3-10 影像间平分线生成示意图

重叠区域 a—A2—d—B4 而言，a 点是入点，d 点是出点。从入点 a 开始追踪，沿平分线 a→b→c→d，由于 d 点是出点，转至影像的有效范围的多边形继续追踪，d→A3→A4→ A1→a，回到初始的入点 a，追踪结束，得到裁剪结果多边形 a→b→c→d→A3→A4→ A1→a。同理，当平分线 abcd 去裁剪影像 B 的有效范围时，可得裁剪结果多边形为 a→b→ c→d→B3→B2→B1→a。图 3-12 给出了有效镶嵌多边形生成的示意图，图 3-12（a）左侧为 三幅影像 A，B，C 的有效范围排列示意图，三幅影像之间相互重叠，虚线 S_{AB}，S_{AC}，S_{BC} 分别为三幅影像间的分割线，图 3-12（a）右侧为生成的有效镶嵌多边形的示意图；图 3-12(b)进一步说明了影像 A 的有效镶嵌多边形的生成过程，生成影像 A 的有效镶嵌多边

形需要影像 A，B 之间的分割线 S_{AB} 和影像 A，C 之间的分割线 S_{AC}，影像 A 的有效范围首先被 S_{AB} 裁剪，得到的结果多边形再被 S_{AC} 裁减，就得到了影像 A 的有效镶嵌多边形，即影像 A 所属的 Voronoi 多边形。

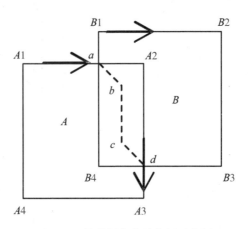

图 3-11　裁剪影像有效范围示意图

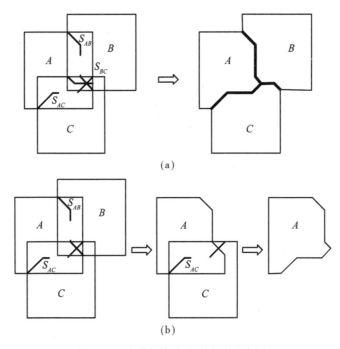

图 3-12　有效镶嵌多边形生成示意图

　　(3)生成接缝线网络。对每幅影像都按上一步的操作进行裁剪处理，计算出每幅影像所属的 Voronoi 多边形，这样就形成了整个区域的 Voronoi 图，所有影像的有效范围就被分割成互不重叠的 Voronoi 多边形，即有效镶嵌多边形。计算所有相邻的有效镶嵌多边形之间的公共边，每一条公共边作为两个相邻的有效镶嵌多边形所属的影像之间的接缝线，得到所有的有效镶嵌多边形之间的公共边就得到了各段接缝线，所有的接缝线彼此连接就形成了接缝线网络，它实际上是所有 Voronoi 多边形中除开影像有效范围边界的 Voronoi 边的集合。

在 Voronoi 多边形的生成过程中，第 2 步用重叠正射影像间的平分线去裁剪正射影像的有效范围时，裁剪操作参考多边形裁剪算法（Weiler 等，1977），其主要思想是：对某一正射影像有效范围的多边形，用其与相邻影像间的平分线对其进行裁剪时，以重叠区域为参考来确定出点和入点，出点和入点成对出现，由入点开始沿平分线追踪，当遇到出点时跳转至影像有效范围的多边形继续追踪，如果再次遇到入点则跳转至平分线继续追踪。重复以上过程，直至回到起始入点，即完成了裁剪操作，追踪到的点即为裁剪结果多边形。通过以上步骤生成接缝线网络之后就可以在此基础上进行镶嵌处理，可以方便地得到每幅影像中对镶嵌有贡献的像素，每幅影像涉及的接缝线，以及与每段接缝线相关的影像，便于直接生成镶嵌结果，并可以保证镶嵌的灵活性与效率，避免误差的累积和中间结果的产生，且处理结果与影像的顺序无关。

3.2.3 基于栅格的接缝线网络生成

3.2.2 节基于矢量的接缝线网络生成方法只能处理影像间重叠区域是简单凸多边形的情况。当正射影像的有效范围以及影像间重叠区域范围是凹多边形时，该方法采用凸包运算获得近似的正射影像有效范围以及重叠区域范围，进而进行接缝线网络的生成。这种近似会使镶嵌影像的覆盖范围不够精确，甚至会使生成的接缝线穿过非重叠区域，导致最终镶嵌影像中出现未被影像覆盖的区域，即空洞。因此，进一步对接缝线网络的生成方法进行了改进，基于改进的种子点区域生长算法，提出了基于栅格的接缝线网络生成方法。该方法实际上是顾及重叠的面 Voronoi 图的栅格方式实现。该方法首先确定每幅影像的有效范围和相邻影像间的重叠区域范围。然后使用改进的区域生长算法获得每个重叠区域的接缝线，即重叠区域的平分线。重叠区域的接缝线生成的同时也会裁切相应影像的有效范围，每生成一条接缝线就会形成相应影像有效范围的裁切图。这样，对每一幅影像，所有生成的裁切图相交即可生成该影像的有效镶嵌多边形。最后所有影像的有效镶嵌多边形就形成了初始接缝网络。通过这样的方式，可以处理任意形状的影像有效范围和重叠区域范围，最终生成的接缝线网络与影像输入顺序无关。与基于矢量的接缝线网络生成方法一样，基于栅格的接缝线网络生成方法确定每幅影像的有效镶嵌多边形时，仅与该影像具有重叠的相邻影像有关。因此，每幅影像的有效镶嵌多边形是可以同时并行处理的。

基于栅格的接缝线网络生成方法主要解决了基于矢量的接缝线网络生成方法不能适用于重叠区为凹多边形的情况，改进了基于种子点的区域生长算法，可生成任意形状重叠区域的平分线。主要改进是不再基于单个的种子点生长，而是基于重叠区域的边界生长，这些靠近不同影像的重叠区域边界同时生长，直到在重叠区域相遇，生长区域的分界线就是重叠区域的平分线，即接缝线。基于栅格的接缝线网络生成方法流程如图 3-13 所示，其中 n 表示正射影像的数量，i 是处理影像的序号，k 表示影像 i 与其他影像间的重叠区域数量，ISRG 表示改进的基于种子点的区域生长算法。该流程主要包括 4 个步骤：确定每幅影像有效范围及影像间重叠区域范围；生成接缝线和相应的裁切图；确定有效镶嵌多边形；矢量化生成接缝线网络。最终生成的接缝线网络是初始接缝线网络，可作为接缝线进一步优化的框架，其他接缝线优化方法（Fernández 等，1998；Kerschner 等，2001；Pan 等，2015；Li 等，2017；Dong 等，2017）均可在此框架下使用，基于影像内容进一步优化接缝线网络中的每一条接缝线。

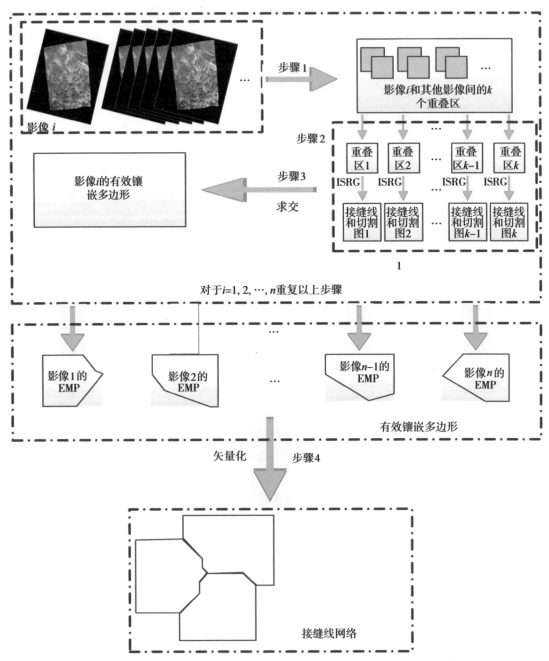

图 3-13　基于栅格的接缝线网络生成方法流程（ISGR：改进的基于种子点的区域生长算法；EMP：有效镶嵌多边形）

确定每幅影像的有效范围与 3.2.2 节中的"1. 确定影像的有效范围"类似，即采用边界跟踪算法获得影像有效范围的外轮廓点集即可，但不需要采用 Douglas-Peuker 算法对获得的外轮廓点集进行简化，也不需要进行凸包运算。跟踪获得的外轮廓点集就是该影像的有效范围。假设影像 i 的有效范围($1 \leqslant i \leqslant n$)与其他 $k(0 \leqslant k < n)$ 个影像的有效范围重叠，则使用多边形求交运算获得这 k 个重叠区域。n 幅影像表示为 I_1，I_2，$\cdots$，I_n，它们的有效范围表示为 P_1，P_2，$\cdots$，P_n。影像 i 和其他影像间的 k 个重叠区域分别表示为 O_{i1}，O_{i2}，$\cdots$，O_{ik}。下面重点阐述生成接缝线和相应的裁切图，以及确定每幅影像的有效镶嵌多边形。在确定了所有影像的有效镶嵌多边形之后，还需要通过矢量化，将栅格形式的有效镶嵌多边形转化为矢量形式，生成最终的接缝线网络。

1. 生成接缝线和相应的裁切图

对于任意一个重叠区域 $O_{is}(1 \leqslant s \leqslant k)$，即影像 i 和影像 s 之间的重叠区域，采用改进的基于种子点的区域生长算法确定接缝线。对基于种子点的区域生长算法的改进主要在于不再基于单个的点，而是基于重叠区域的边界作为生长元，即采用重叠区域 O_{is} 的边界作为生长元，这些靠近不同影像的重叠区域边界同时生长，直到在重叠区域相遇，生长区域的分界线就是重叠区域的平分线。具体步骤描述如下：

步骤 1：创建影像 i 和影像 s 的模板矩阵，即 $\boldsymbol{M}_{is}$。该模板矩阵与影像 i 和影像 s 镶嵌影像的覆盖范围具有相同的尺寸，其行数和列数可以根据这两幅影像的有效镶嵌多边形 P_i 和 P_s 来计算，具体计算分别如公式(3-10)和公式(3-11)所示。根据计算的模板矩阵行数和列数，生成模板矩阵，其所有初始值都设置为 0。

$$\text{Rows} = \left[(Y_{\max} - Y_{\min})/\text{Res}_y \right] \tag{3-10}$$

$$\text{Cols} = \left[(X_{\max} - X_{\min})/\text{Res}_x \right] \tag{3-11}$$

式中，Rows 和 Cols 分别表示模板矩阵的行数和列数；$X_{\max}$，$X_{\min}$ 和 Res_x 分别表示模板矩阵在水平方向上的最大坐标、最小坐标和地面分辨率；$Y_{\max}$，$Y_{\min}$ 和 Res_y 分别表示模板矩阵在垂直方向上的最大坐标、最小坐标和地面分辨率。

步骤 2：使用扫描线填充算法(潘俊等，2006)填充模板矩阵 $\boldsymbol{M}_{is}$。每个影像的有效范围又可分为重叠区域和非重叠区域。对于影像 i 有效范围中的某一像素，如果该像素属于非重叠区域，则 $\boldsymbol{M}_{is}$ 中对应像素的矩阵值被设置为 i。对于影像 s 有效范围中的某一像素，如果该像素属于非重叠区域，则 $\boldsymbol{M}_{is}$ 中对应像素的矩阵值被设置为 s。最后，对属于影像 i 和影像 s 重叠区域中的像素，$\boldsymbol{M}_{is}$ 中对应像素的矩阵值被设置为 $n+1$。

模板矩阵是获得每个图像的 EMP 的必要中间体。可以根据图像的数量适当地选择模板矩阵数据类型。如果存在 n 个图像，并且模板矩阵数据类型是 m 位，则需要满足公式：

$$n + 1 \leqslant 2^m - 1 \tag{3-12}$$

如果模板矩阵存储大小远大于其实际需求，则会降低处理效率。相反，如果模板矩阵存储大小小于其实际需求，则将在处理期间存在错误。因此，有必要选择合适的模板矩阵数据类型进行镶嵌并提高效率。

步骤 3：使用改进的基于种子点的区域生长算法生成重叠区域 O_{is} 的接缝线。经典的基于种子点的区域生长算法的种子是单个点(Adams 等，1994)，改进的方法则采用重叠区域的边界作为生长元，如图 3-14 所示。图 3-14(a)显示了重叠区域和生成的接缝线，在图 3-14(a)中，多边形 $ABCD$ 是影像 i 和影像 s 的重叠区域，点 A 和点 C 是两幅影像有效范围边界的交点。图 3-14(a)中折线 $A—B—C—D—A$ 即为重叠区域的边界，可用边界跟踪算法获得。从 A 点到 C 点，沿重叠区域的边界有两条路径：靠近影像 i 一侧的折线 $A—B—C$ 和靠近影像 s 一侧的折线 $A—D—C$。这两条折线即为种子，进行区域生长。这些种子同时生长，直到在重叠区域相遇，生长区域的分界线就是重叠区域的平分线，即接缝线，即如图 3-14(a)中的红线。图 3-14(b)中，每个小方块表示重叠区域中的一个像素，暗阴影区域是影像 i 的生长区域，其中 $\boldsymbol{M}_{is}$ 中对应像素的矩阵值被改变为 i，亮阴影区域是影像 s 的生长区域，其中 $\boldsymbol{M}_{is}$ 中对应像素的矩阵值被改变为 s。在区域生长停止后，在重叠区域中将存在生长区域的分界线，如图 3-14(b)中的红色像素，该分界线就是重叠区域的平分线，即为接缝线。除接缝线之外，该接缝线对应的影像 i 和影像 s 的裁切图也一并生成了，如图 3-14(c)所示。在图 3-14(c)中，左边的多边形区域是该接缝线对应的影像 i 的裁切图，右边的多边形区域是该接缝线对应的影像 s 的裁切图。

步骤 4：对 k 个重叠区域重复以上步骤就可以获得影像 i 的所有接缝线对应的裁切图。

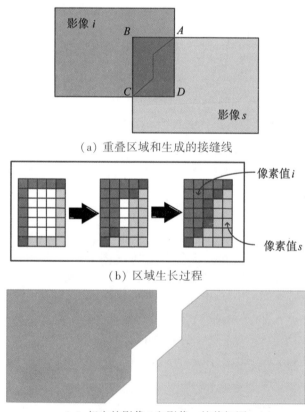

(a) 重叠区域和生成的接缝线

(b) 区域生长过程

(c) 相应的影像 i 和影像 s 的裁切图

图 3-14　改进的基于种子点的区域生长算法

2. 确定有效镶嵌多边形

当影像 i 的所有 k 个重叠区域都处理完后，会生成 k 条接缝线和该接缝线对应的影像 i 的裁切图，对 k 个裁切图求交即可获得影像 i 的有效镶嵌多边形，即在所有裁切图中具有相同像素值 i 的区域就是该影像的有效镶嵌多边形区域。有效镶嵌多边形确定的示意图如图 3-15 所示。假设有三幅影像：影像 I_1，影像 I_2 和影像 I_3。图 3-15(a) 是根据坐标的影像排列示意图，影像 I_1 和另外两个影像之间均存在重叠区域。图 3-15(b) 显示了影像 I_1 和影像 I_2 之间的重叠区域 C_1 及接缝线。图 3-15(c) 显示了影像 I_1 和影像 I_3 之间的 C_2 及接缝线。根据影像 I_1 和影像 I_2 的有效范围边界的两个交点，C_1 的边界可以分为两部分，如图 3-15(b) 中的蓝色虚线和黄色虚线所示。这两部分即为区域生长的种子。通过生长可获得 C_1 的接缝线，即图 3-15(b) 中的红线。同样，可确定出影像 I_1 和影像 I_3 之间的重叠区 C_2，以及 C_2 的接缝线，即图 3-15(c) 中的红线。生成每条接缝线的同时，还生成了该接缝线对应的各影像的裁切图。图 3-15(d) 显示了重叠区 C_1 的接缝线对应的影像 I_1 的裁切图。图 3-15(e) 显示了重叠区 C_2 的接缝线对应的影像 I_1 的裁切图。图 3-15(f) 显示了影像 I_1 的两个裁切图的排列情况。两个裁切图相交可获得影像 I_1 的有效镶嵌多边形，如图 3-15(g) 所示。对影像 I_2 和 I_3 重复上述处理，就可以同样确定出影像 I_2 和影像 I_3 的有效镶嵌多边形，如图 3-15(h) 所示。

3.2.4 实验与讨论

图 3-16 给出了某区域无人机影像的实验情况。该数据集影像的大小约为 1700×2100 像素，地面分辨率为 0.1m，由 2 个航带组成，一共 21 幅正射影像。图 3-16(a) 显示了该区域影像排列情况，红色线框表示每幅影像的有效范围。图 3-16(b) 显示了基于矢量的接缝线网络生成方法生成的接缝线及对应的镶嵌影像。图 3-16(c) 显示了基于栅格的接缝线网络生成方法生成的接缝线及对应的镶嵌影像。图 3-16(b) 和图 3-16(c) 中，生成的接缝线网络均由青色线表示。

很明显，基于矢量的接缝线网络生成方法生成的接缝线网络存在一些错误，例如图 3-16(b) 中红色椭圆形区域和蓝色矩形区域。红色椭圆形区域处，基于矢量的接缝线网络生成方法生成的接缝线网络存在边界误差；而蓝色矩形区域处，基于生成的接缝线网络得到的镶嵌影像中存在空洞，即没有被影像有效覆盖的区域。产生错误的原因是基于矢量的接缝线网络生成方法使用影像有效范围的凸包作为近似的有效范围，以避免处理凹多边形重叠区域。而基于栅格的接缝线网络生成方法则获得了令人满意的接缝线网络，如图 3-16(c) 所示，特别是红色椭圆区域，生成的接缝线网络并不存在边界误差。图 3-17 进一步对比了图 3-16 中标记的蓝色矩形区域的细节。其中图 3-17(a) 是图 3-16(a) 中标记蓝色矩形区域的细节，即原始正射影像的细节；图 3-17(b) 是图 3-16(b) 中标记蓝色矩形区域的细节，即采用基于矢量的接缝线网络生成方法生成的接缝线网络得到的镶嵌影像的细节；图 3-17(c)是图 3-16(c)中标记的蓝色矩形区域的细节，即采用基于栅格的接缝线网络生成方法生成的接缝线网络得到的镶嵌影像的细节。显然，对于该数据集，基于矢量的接缝线网络生成方法生成的接缝线网络用于镶嵌所获得的镶嵌影像中存在明显的空洞。而基于栅格的接缝线网络生成方法生成的接缝线网络则非常准确，所获得的镶嵌影像也不存在边界误差和空洞现象。

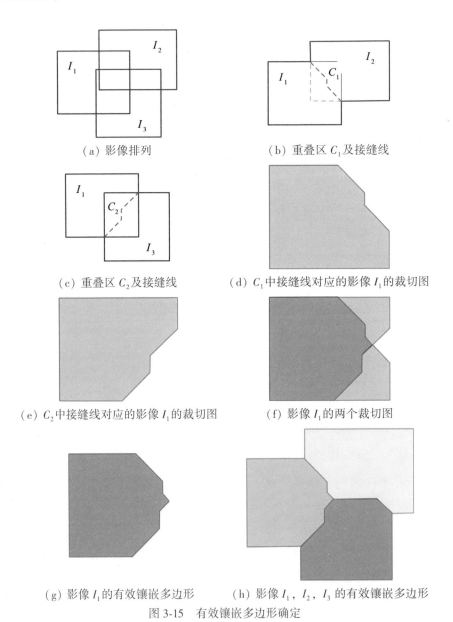

（a）影像排列　　　　　　　　　　（b）重叠区 C_1 及接缝线

（c）重叠区 C_2 及接缝线　　　　（d）C_1 中接缝线对应的影像 I_1 的裁切图

（e）C_2 中接缝线对应的影像 I_1 的裁切图　　　（f）影像 I_1 的两个裁切图

（g）影像 I_1 的有效镶嵌多边形　　　（h）影像 I_1，I_2，I_3 的有效镶嵌多边形

图 3-15　有效镶嵌多边形确定

（a）某区域影像排列情况

（b）基于矢量的接缝线网络生成方法生成的接缝线及对应的镶嵌影像

（c）基于栅格的接缝线网络生成方法生成的接缝线及对应的镶嵌影像

图 3-16

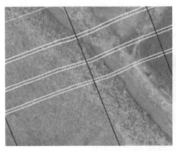

（a）图3-16（a）中标记的蓝色矩形区域（b）图3-16（b）中标记的蓝色矩形区域（c）图3-16（c）中标记的蓝色矩形区域

图 3-17　图 3-16 中标记的蓝色矩形区域的细节

　　为了定量评估处理结果，选择错误率（E）、丢失率（M）、总体精度（OA）和 kappa 系数（k）（Du 等，2012）来评价生成接缝线网络的准确性。原始影像是真值，基于生成的接缝线网络形成的镶嵌影像是结果。因此，镶嵌影像中的像素有两类：（1）属于原始影像有效范围中的像素，即正确的像素；（2）属于原始影像无效范围中的像素，即错误的像素。这样便可以计算错误率和丢失率，并基于混淆矩阵（Stehman 等，1997）计算总体精度和 kappa 系数。这几个评价指标具体计算公式如下：

$$OA = \frac{\sum_{i=1}^{2} X_{ii}}{N} \tag{3-13}$$

$$kappa = \frac{N \times \sum_{i=1}^{2} X_{ii} - \sum_{i=1}^{2} (T_i \cdot S_i)}{N^2 - \sum_{i=1}^{2} (T_i \cdot S_i)} \tag{3-14}$$

$$E = \frac{X_{21}}{S_1} \tag{3-15}$$

$$M = \frac{X_{12}}{S_1} \tag{3-16}$$

式中 i 表示镶嵌影像中像素类别编号，其值设置为 1 或 2，即是属于正确的像素还是错误的像素。X_{ii} 表示属于同一类别的像素数。N 是镶嵌范围像素的总数，同一坐标位置的像素只计数一次。S_i 表示原始影像中同一类别像素的数量，如果某像素被多于一幅的影像覆盖，则只计数一次，只要该像素处在某一幅影像中存在有效像素值，则该像素被认为是有效范围的像素。T_i 表示镶嵌影像中根据镶嵌输出范围确定的同一个类别的像素数量。通过这几个评价指标评价接缝线网络精度时，生成的接缝线网络越精确，总体精度和 kappa 系数的值越大，错误率和丢失率越小。

　　图 3-18 和表 3-1 进一步解释了像素类别的表示和混淆矩阵的计算。图 3-18 中，多边形 *ABCD* 是基于生成的接缝线网络形成的镶嵌影像的外接矩形范围，白色区域表示原始影像中的有效范围，即所有原始影像有效范围的并集，灰色区域表示原始影像中的无效范围。如果多边形 *abcd* 是由生成的接缝线网络形成的镶嵌输出范围，则多边形 *dfe* 和多边形

afg 是错误区域。多边形 *dfe* 位于原始影像的无效范围，但它却包含在镶嵌输出范围中。多边形 *afg* 位于原始影像的有效范围，但却不包括在镶嵌输出范围中。因此，可根据表 3-1 计算混淆矩阵。在表 3-1 中，原始影像中像素被区分为有效范围中的像素和无效范围中的像素。对于最终的镶嵌影像，像素被区分为镶嵌输出范围中的像素和镶嵌输出范围外的像素。X_{11} 表示属于原始影像的有效范围，并且也属于镶嵌输出范围的像素数，即图 3-18 中多边形 *abcdef* 中的像素数。X_{12} 表示属于原始影像的有效范围，但不属于镶嵌输出范围的像素数，即图 3-18 中多边形 *afg* 中的像素数。X_{21} 表示属于原始影像的无效范围，但却属于镶嵌输出范围中的像素数，即图中多边形 *dfe* 中的像素数。X_{22} 表示属于原始影像的无效范围，并且也属于镶嵌输出范围外的像素数，即图 3-18 中灰色范围，但不包括多边形 *dfe* 的像素数。S_1 表示原始影像中有效范围的像素数；S_2 表示原始影像中无效范围的像素数；T_1 表示属于镶嵌输出范围中的像素数；T_2 表示镶嵌范围外的像素数。N 表示镶嵌影像的外接矩形范围的所有像素数。这样就可以通过公式(3-13)、公式(3-14)、公式(3-15)和公式(3-16)计算总体精度、kappa 系数、错误率和丢失率来评价生成的接缝线网络的精度。

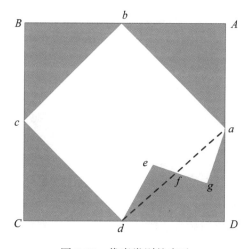

图 3-18 像素类别的表示

表 3-1 混淆矩阵的计算

	属于镶嵌输出范围	镶嵌输出范围之外	合计
属于原始影像的有效范围	X_{11}	X_{12}	S_1
属于原始影像的无效范围	X_{21}	X_{22}	S_2
合计	T_1	T_2	N

表 3-2 显示了基于矢量的接缝线网络生成方法和基于栅格的接缝线网络生成方法的定量比较情况。在耗时方面，很明显，基于矢量的方法更有优势，对该数据集，基于矢量的

接缝线网络生成方法仅耗时 725ms，而基于栅格的接缝线网络生成方法则耗时 49187ms。在准确性方面，基于矢量的接缝线网络生成方法总体精度为 0.9919，kappa 系数为 0.9838，错误率和丢失率分别为 0.0130 和 0.0026。而基于栅格的接缝线网络生成方法总体精度和 kappa 系数均为 1.0，错误率和丢失率均为 0.0。因此基于栅格的接缝线网络生成方法具有更高的准确性。

表 3-2　基于矢量的接缝线网络生成方法和基于栅格的接缝线网络生成方法的定量比较

方法	耗时（ms）	kappa	OA	E	M
基于栅格的接缝线网络生成方法	49，187	1.0	1.0	0.0	0.0
基于矢量的接缝线网络生成方法	725	0.9838	0.9919	0.0130	0.0026

3.3　基于接缝线网络的整体镶嵌

3.3.1　整体镶嵌

整体镶嵌是在生成的接缝线网络的基础上进行的。在获得初始的接缝线网络之后，还需在此基础上同时构建每段接缝线与 Voronoi 多边形（也就是有效镶嵌多边形）、影像以及重叠区域之间的拓扑关系、从属关系，即确定每段接缝线相邻的有效镶嵌多边形，每个有效镶嵌多边形所属的影像，以及每段接缝线所属的重叠区域，每个重叠区域相关的影像等，便于后续的其他处理步骤。由于采用了这种顾及重叠的面 Voronoi 图，这些接缝线与有效镶嵌多边形、重叠区域，以及影像之间的拓扑关系、从属关系等都变得很容易构建。

接缝线与有效镶嵌多边形、重叠区域，以及影像之间的拓扑关系、从属关系等构建完成后，即可以根据接缝线网络进行影像镶嵌处理，获得最终的无缝镶嵌影像。对于每幅正射影像，在镶嵌处理时，可根据其有效镶嵌多边形，将有效镶嵌多边形内的像素写入镶嵌结果影像中的相应位置，丢掉有效镶嵌多边形之外的像素，然后沿着接缝线进行羽化处理，消除明显的接缝，就可以获得无缝的镶嵌影像。比较有代表性的羽化方法有多尺度羽化方法（Burt 等，1983）、强制改正法（朱述龙等，2002）以及基于梯度场的方法（Zomet 等，2006）等。为了提高镶嵌影像质量，避免在羽化处理过程中由于重叠区域中的投影差异、运动目标和辐射差异等因素导致的最终镶嵌影像中重影、伪影、过渡不平滑等现象，使镶嵌影像尽可能反映地面的真实情况，提出了一种考虑变化区域的接缝线多尺度羽化算法，将在下一节详细阐述。在进行镶嵌写入像素的同时，还可以根据影像匀色处理统计计算的参数同时进行大区域的匀色处理，即匀色镶嵌一体化处理，提高处理效率。

由于在镶嵌影像中的每个像素唯一属于一幅正射影像，这有助于消除镶嵌过程中大量的数据冗余，特别适合大范围的无缝影像镶嵌。在接缝线网络的基础上进行镶嵌处理，可以方便地得到每幅影像中对镶嵌有贡献的像素，每幅影像涉及的接缝线，以及与每段接缝线相关的影像，便于直接生成镶嵌结果，可以保证镶嵌的灵活性与效率，避免中间结果的产生，且处理结果与影像的顺序无关。由于每幅影像对镶嵌有贡献的像素可根据接缝线网络直接确定，因此该方法可直接输出任意范围的镶嵌影像，在大区域镶嵌处理时，可将镶嵌输出范围拆分成多个较小范围的镶嵌任务，并行处理，从而提高镶嵌处理效率。

3. 3. 2　考虑区域变化的多尺度羽化

1. 概述

基于接缝线的镶嵌方法首先在重叠区域定义接缝线；然后在影像镶嵌时，最终镶嵌影像中每个像素的取值，完全由其位于正射影像接缝线的哪一侧决定。最后进行基于接缝线的混合处理(也称为羽化)，使镶嵌影像沿接缝线过渡平滑，以令最终镶嵌影像中的拼接缝不可见。

然而，在正射校正时，位于数字地形模型或数字高程模型之上或之下的物体，由于不同视角的透视成像，使其在正射影像上会发生几何偏移。即在重叠区域不同影像通常有明显的投影差现象，例如建筑物，特别是城市区域的高分辨率影像，不同的立面甚至会出现在不同的影像中。建筑物越高，这种现象就越明显(Kerschner，2001)。当这种现象发生时，正射影像之间的重叠区域内会有明显的错位，即同一位置不同影像上呈现不同的地物。运动目标，例如车梁，也表现为明显的错位。因此，在羽化处理中，使镶嵌影像中接缝线不可见变得更加困难。此外，正射影像之间由于不同的视角或光照条件造成的辐射差异，也会带来一定的困难并且可能导致亮度或颜色的不平滑过渡。

通常，在羽化过程中，镶嵌图像 I 是重叠区域上输入图像 I_1 和 I_2 的加权和，加权系数随着与接缝线的距离而变化。Milgram(1975)定义了一个接缝线两侧像素值的线性渐变作为加权函数，使得在接缝线处两个输入影像的权值相等。Li 等(2015)对加权函数进行了改进，提出了一种基于余弦距离的加权羽化方法。Burt 等(1983)提出了一种基于金字塔的羽化方法，该方法首先将图像分解为一组带通滤波分量图像，然后将不同的频带通过不同的加权系数组合，并把每个空间频带中的分量图像组合成相应的带通镶嵌图像，最后，将这些带通镶嵌图像相加，以获得所需的镶嵌影像。Brown 等(2007)在全景图像拼接时也使用了相同的基于金字塔的羽化方法。Shao 等(2012)改进了 Burt 等(1983)的金字塔羽化方法，基于早期和后期获取图像之间存在的信息不平衡约束来优化羽化系数，用于处理显微图像拼接。Uyttendaele 等(2001)提出了一种用均值和插值函数来消除重影并减小强度差异的羽化方法。朱述龙等(2002)提出了一种强制改正方法用以消除拼接缝。首先无需在重叠区域进行任何混合处理过程，直接基于接缝线获得镶嵌影像，然后计算接缝线两侧一定范围内的平均差异，并在接缝线两侧的一定范围内进行校正。Pérez 等(2003)提出了一种在梯度域中用于图像编辑的框架，即插入对象。该对象从一幅图像中剪切并插入到新的背景图像中，并在插入对象的梯度空间上进行优化。Levin 等(2004)和 Zomet 等(2006)提出了梯度域图像拼接方法，该方法引入了几个梯度域的代价函数来评估拼接质量，并将镶嵌图像定义为这些代价函数在重叠区的优化。Jia 等(2008)提出了一种考虑图像变形的图像拼接方法，该方法将变形平滑地传播到目标图像中，在图像梯度域同一框架内，同时实现结构变形和颜色校正。

这些方法大多处理的是自然图像，主要关注视觉效果。但这不能完全满足对地观测的需求。在对地观测中，正射影像是精确地理编码的遥感影像，应尽可能准确地反映地面的真实情况，视觉效果是次要的。正射影像的镶嵌图像同样如此。与自然图像不同，正射影像的错位通常出现在包含建筑物、桥梁和运动车辆等物体的区域。对于城市地区的高分辨率航空正射影像，这种偏差通常很大，并且建筑物等地物目标的不同立面可能会出现在不同的影像中。如果只考虑视觉效果，镶嵌影像中可能会出现重影和伪影，这不仅不能真实地反映地面，而且对影像判读、解译也是不利的。因此，应将这些区域与其他区域区别对待，以确保镶嵌影像尽可能准确地反映地表真实情况。因此，提出了一种考虑区域变化的接缝线多尺度羽化方法用于影像镶嵌。在该方法中，具有明显投影差异的区域，例如建筑物或运动目标(例如运动的车辆)被认为是变化区域。在羽化过程中，变化区域和不变区域的处理方式不同，将被区别对待。变化区域将在有限宽度内羽化或者不进行羽化，从而避免重影和伪影；不变区域将在设定的羽化宽度内进行羽化，以实现平滑过渡。该方法的流程如图3-19 所示。通过图像分割和变化检测确定变化区域，即具有明显投影差异或运动目标区域，然后改进不变区域中模板影像的生成过程，以扩大过渡区宽度。高斯金字塔结构、拉普拉斯金字塔结构和多尺度复原重建过程，类似于金字塔羽化方法(Burt 等，1983)。

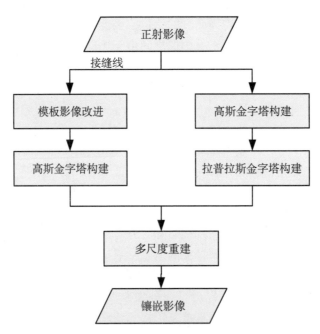

图 3-19　考虑区域变化的接缝线多尺度羽化方法流程

2. 模板影像改进

模板影像改进不同于金字塔羽化方法(Burt 等，1983)的模板影像生成。本节模板影像改进通过在模板影像上加入平滑滤波器来扩大过渡区宽度。为了防止镶嵌影像影响判读，在羽化处理时对变化区域和不变区域采用了不同的处理策略。变化区域是指具有明显的投影差异或包含运动目标的区域，例如正射影像中的建筑物、桥梁和运动车辆。当在模

板影像中加入平滑滤波器时，变化区域中的像素值保持不变。变化区域由区域变化率
(RCR)确定。区域变化率是分割区域的变化率，通过分割区域中变化像素的百分比来计
算。具体而言，模板影像改进主要包括如下步骤：生成重叠区域的差异影像；确定变化区
域；生成模板影像。

1)生成重叠区域的差异影像

重叠区域由地理编码信息确定，重叠区域的差异影像则通过纹理相似性计算。在相邻
影像重叠区域，像素(i, j)的纹理相似性按照以下公式计算：

$$\text{Cost}(i, j) = \text{INT}(255 \times (1 - \rho)/2.0) \tag{3-17}$$

其中ρ是重叠区域(i, j)像素处的归一化互相关系数(NCC)，通过像素(i, j)为中心的窗
口影像来计算，INT是取整操作。令A，B分别为重叠区域的左影像和右影像(在不同时
间获取的任意两个有重叠的影像)，则ρ在(i, j)处的具体计算公式如下：

$$\rho = \frac{\sum_{i=1}^{M} \sum_{j=1}^{N} (A(i, j) - \bar{A}) \cdot (B(i, j) - \bar{B})}{\sqrt{\sum_{i=1}^{M} \sum_{j=1}^{N} (A(i, j) - \bar{A})^2 \cdot \sum_{i=1}^{M} \sum_{j=1}^{N} (B(i, j) - \bar{B})^2}} \tag{3-18}$$

其中，$\bar{A} = \frac{1}{M \cdot N} \sum_{i=1}^{M} \sum_{j=1}^{N} A(i, j)$，$A(i, j)$是左影像$(i, j)$处的像素值；$\bar{B} = \frac{1}{M \cdot N} \sum_{i=1}^{M} \sum_{j=1}^{N} B(i, j)$，$B(i, j)$是右影像$(i, j)$处的像素值(Chon 等，2010)。由于$\rho$的取
值范围为$[-1.0, 1.0]$，所以$\text{Cost}(i, j)$的范围为$[0, 255]$。

2)确定变化区域

变化区域根据区域变化率来确定。要计算分割区域的区域变化率，首先需要根据变化
检测方法获得重叠区域的变化像素。变化检测是通过不同时间获取影像识别目标或现象的
差异的过程。在生成重叠区域的差异影像之后，就可以采用变化检测方法确定重叠区域的
变化像素了。差分法是常用的变化检测方法，它会让各个波段产生一个差异分布，在这样
的分布中，变化像素会呈现在末端，不变像素则趋向均值附近。差分法的关键是确定变化
像素和不变像素的阈值边界(Singh，1989；Lu 等，2004)。确定阈值后，则变化像素和不变
像素可通过如下公式进行区分：

$$|\text{Cost}(i, j) - m| \geq T_d \sigma \tag{3-19}$$

其中m和σ分别是纹理相似图像的均值和标准差，T_d是给定的阈值，用于区分变化像素
和不变像素。重叠区域中满足公式(3-19)的像素即是变化像素，其他像素是不变像素。

此时，可以通过结合重叠区域的分割区域和变化像素来计算区域变化率，它是分割区
域中变化像素所占的百分比，计算公式如下：

$$\text{RCR} = \frac{\text{Num}_c}{\text{Num}} \tag{3-20}$$

其中，RCR 是当前分割区域的变化率，Num_c是分割区域中变化像素的数量，Num 是分割
区域中像素的总数量。

采用的图像分割方法是均值平移算法(Mean Shift，MS)。分割时，对重叠区域的左右图像分别进行分割。均值平移算法是一种非参数密度梯度估计算法，其应用领域包括计算机视觉和图像处理中的聚类(Cheng，1995；Comaniciu 等，1997；Comaniciu 等，2002)。设数据是嵌入在 n 维欧氏空间 X 中的有限集 S，设 K 是核，weight 是加权函数。在 $x \in X$ 中核 K 的样本均值定义为：

$$m(x) = \frac{\sum_{s \in S} K(s-x)\,\text{weight}(s)\,s}{\sum_{s \in S} K(s-x)\,\text{weight}(s)} \tag{3-21}$$

设 $T \subset X$ 为一个有限集，均值平移算法展示了 T 以迭代形式的演化过程 $T \leftarrow m(T)$，其中，$m(T) = \{m(t); t \in T\}$。对于每一个 $t \in T$，存在序列 t，$m(t)$，$m(m(t))$，…，叫做 t 的变换轨迹。权重 weight(s) 可以在整个过程中固定不变，也可以在每次迭代后重新评估。它也可以是当前 T 的函数。当 $m(t)$ 收敛时，算法终止(Comaniciu 等，1997)。在均值平移算法的多个实现版本中，实验中选取的是 C++ 编写的边缘检测和图像分割(EDISON)库，进行图像分割(Christoudias 等，2002)。

在计算每个分割区域的区域变化率之后，设置区域变化率的阈值，即变化区域的区域变化率阈值 TRate，以确定哪些区域属于变化区域。如果一个区域的区域变化率大于 TRate，则它是变化区域，否则是不变区域。在重叠区域的左影像和右影像中，分别通过 TRate 确定变化区域。假设 R_1 和 R_2 分别是重叠区域左影像和右影像的变化区域，那么，最终重叠区域的变化区域 R 是 R_1 和 R_2 的并集，即 $R = R_1 \cup R_2$。

3）生成模板影像

模板影像 M 的生成，需要根据重叠区域的接缝线和确定的变化区域来进行。生成的模板影像，用于金字塔羽化时扩大过渡区宽度。

模板影像生成时，首先需要构建初始模板影像。即创建与左右影像重叠区域相同尺寸的 8 位影像，作为初始模板影像。在初始模板影像中，接缝线左侧的像素赋值为 0，其他像素赋值为 255。初始模板影像生成后，将平滑滤波器加入其中。基于变化区域，对初始模板影像进行选择性的平滑处理，即变化区域和不变区域采用不同的处理策略：变化区域的像素值在平滑过程中保持不变，不变区域的像素值在平滑过程中参与平滑处理。高斯滤波器和均值滤波器都可以作为平滑滤波器对初始模板影像进行处理生成最终的模板影像，平滑滤波器的尺寸可以根据羽化处理的需求，由用户自行设置。

3. 构建高斯金字塔

分别构建重叠区域左影像 A，右影像 B 和模板影像 M 的高斯金字塔影像。高斯金字塔影像是一组低通滤波影像的集合，以重叠区域左影像 A 为例，其构建过程如下(Burt 等，1983)。

原始的重叠区域左影像 A 是高斯金字塔的 0 层影像，然后根据公式(3-22)，采用具有低通特性的窗口模板 w 对高斯金字塔的当前影像层进行处理，得到高斯金字塔 0 层以上的各层影像。通过这样的方法，可以获得重叠区域左影像 A 的高斯金字塔影像，即 GS_A。在高斯金字塔影像中，上一层影像大小为相邻下一层影像大小的一半。具体高斯金字塔影像计算公式如下：

$$GS^l(i, j) = \sum_{m=-2}^{2} \sum_{n=-2}^{2} w_{m,n} GS^{l-1}(2i + m, 2j + n) \tag{3-22}$$

其中 $0 < l \leq N$，l 是整数；$GS^l(i, j)$ 是高斯金字塔第 l 层影像中像素 (i, j) 的值；N 是高斯金字塔的层数；w 是大小为 5×5 的低通滤波窗口模板；$w_{m,n}$ 是窗口模板中具体元素的值（$-2 \leq m, n \leq 2$，m, n 都是整数），w 的具体定义如下：

$$w = \frac{1}{256} \begin{bmatrix} 1 & 4 & 6 & 4 & 1 \\ 4 & 16 & 24 & 16 & 4 \\ 6 & 24 & 36 & 24 & 6 \\ 4 & 16 & 24 & 16 & 4 \\ 1 & 4 & 6 & 4 & 1 \end{bmatrix} \tag{3-23}$$

对于重叠区域右影像 B 和模板影像 M，其对应的高斯金字塔影像 GS_B 和 GS_M 与重叠区域左影像 A 的高斯金字塔影像构建过程相同。

4. 构建拉普拉斯金字塔

分别构建重叠区域左影像 A 和右影像 B 的拉普拉斯金字塔影像，即 LP_A 和 LP_B，LP_A 和 LP_B 的构建方式相同。以重叠区域左影像 A 为例，构造拉普拉斯金字塔影像过程如下（Burt 等，1983）。

根据公式(3-24)，将高斯金字塔影像各层影像 $GS^l(i, j)$（$l > 0$）进行插值扩展为原来尺寸的 2 倍，得到与 $GS^{l-1}(i, j)$ 同等大小的插值影像 $GS^{l'}(i, j)$：

$$GS^{l'}(i, j) = \text{EXPAND}[GS^l] = 4 \sum_{m=-2}^{2} \sum_{n=-2}^{2} w_{m,n} GS^l\left(\frac{i+m}{2}, \frac{j+n}{2}\right) \tag{3-24}$$

在上述计算过程中，只有当 $\frac{i+m}{2}$ 和 $\frac{j+n}{2}$ 同为整数，且 EXPAND 是插值运算时才计算对应的像素值，否则予以舍弃。然后，拉普拉斯金字塔的 $l-1$ 层影像可以通过以下公式来计算（$0 < l \leq N$，l 是整数）：

$$LP^{l-1}(i, j) = GS^{l-1}(i, j) - GS^{l'}(i, j) \tag{3-25}$$

计算完拉普拉斯金字塔的每层影像之后，就可以获得重叠区域左影像 A 的拉普拉斯金字塔，即 LP_A。LP_B 的构建方式与 LP_A 相同。

5. 多尺度重建

多尺度复原重建用以获得最终的镶嵌图像。多尺度重建时，以模板影像的高斯金字塔 M 作为权重因子，对重叠区域左右影像的拉普拉斯金字塔影像进行加权处理，得到拼接后拉普拉斯金字塔影像（Burt 等，1983）。即利用模板影像 M 的高斯金字塔作为权重因子，按照公式(3-26)对重叠区域左、右影像的每一层拉普拉斯金字塔影像 LP_A^l，LP_B^l 进行处理，得到拼接后的重叠区域拉普拉斯影像 LP。

$$LP^l = \{[255 - GS_M^l(i, j)] \cdot LP_A^l(i, j) + GS_M^l(i, j) LP_B^l(i, j)\}/255 \tag{3-26}$$

其中 $0 \leq l \leq N$ 并且 l 是整数。对于拼接后的重叠区域拉普拉斯影像从最高层 LP^N 起，逐层插值扩展，并与其下一层影像逐像元对应相加，重复此过程直至与最后一层影像加完为止，如此便可得到最终的基于接缝线的多尺度羽化影像结果。即根据以下公式，逐层复原重建，得到多尺度羽化后的最终镶嵌图像：

$$\begin{cases} \text{GSR}^N = \text{LP}^N \\ \text{GSR}^{l-1} = \text{LP}^{l-1} + \text{EXPAND}(\text{GSR}^l) \end{cases} \tag{3-27}$$

在式(3-27)中，$0 < l \leqslant N$，并且 l 是整数；EXPAND 的定义同式(3-24)。根据式(3-27)逐层复原重建，直至得到 GSR^0，GSR^0 就是多尺度羽化后的最终镶嵌影像。

6. 实验与讨论

图 3-20 和图 3-22 给出了两个航空影像数据集的羽化过程。在这两个数据集的实验中，均值平移算法的分割参数 (h_s, h_r, M) 设置为 $(6, 5, 20)$，其中 (h_s, h_r) 是带宽参数，M 是最小显著特征大小。用于区分变化像素和不变像素的阈值 T_d 设定为 1.0，RCR 的阈值 TRate 设置为 0.2。

如图 3-20 和图 3-22 所示，这两个数据集的实验中均对比了直接镶嵌，线性斜坡加权法(Milgram，1975)，余弦距离加权羽化法(Li 等，2015)以及金字塔羽化法(Burt 等，1983)等方法的处理结果。实验中，线性斜坡加权方法和余弦距离加权羽化方法的羽化宽度为 400 像素，即接缝线的每侧有 200 个像素。考虑区域变化的多尺度羽化法中用于生成模板影像的平滑滤波器大小也是 400 像素。图 3-20 显示了数据集 1 的实验情况，数据集 1 的图像大小大约为 2000×1800 像素，图 3-20(a) 和图 3-20(b) 分别给出了重叠区左、右影像叠加接缝线的情况。为了简化问题，实验中将接缝线视为一条直线。图 3-20(c) 显示了得到的变化区域与不变区域，在图 3-20(c) 中，红色区域是变化区域，绿色区域是不变区域，显然大部分建筑被认为是变化区域。图 3-20(d) 显示了生成的模板影像，其生成过程中变化区域的像素值保持不变。图 3-20(e)~(i) 分别显示了直接镶嵌、线性斜坡加权法、余弦距离加权羽化法、金字塔羽化法以及考虑区域变化的多尺度羽化法的处理结果。

图 3-20 中的标记区域 1、2、3 分别表示接缝线经过建筑物附近、接缝线穿越建筑物，以及接缝线穿越辐射差异较大区域时的三种典型情况，这三种情况处理结果细节如图 3-21 所示。图 3-21 从上到下，依次显示了直接镶嵌、线性斜坡加权法、余弦距离加权羽化法、金字塔羽化法，以及考虑区域变化的多尺度羽化法的标记区域。当接缝线穿越辐射差异较大区域时，线性斜坡加权法在给定羽化宽度内实现了平滑过渡(图 3-21(f))，然而当接缝线经过建筑物附近(图 3-21(d))或穿越建筑物(图 3-21(e)时，重影和伪影也会出现。当接缝线穿越辐射差异较大区域时(图 3-21(i))，余弦距离加权羽化法也实现了平滑过渡，并且由于权值函数的改进，当接缝线经过建筑物附近(图 3-21(g))或穿越建筑物(图 3-21(h))时，重影和伪影都小于线性斜坡加权法取得的结果。当接缝线经过建筑物附近(图 3-21(j))或穿越建筑物(图 3-21(k))时，金字塔羽化法避免了重影和伪影，但当接缝线穿越辐射差异较大区域时(图 3-21(l))，过渡并不平滑。而考虑区域变化的多尺度羽化法则避免了其他三种方法的缺点，在上述三种典型情况下表现良好(图 3-21(m)~(o))。

(a) 左影像叠加接缝线　　　　　　　　　　（b) 右影像叠加接缝线

（c）得到的变化区域与不变区域　　　　　　（d）生成的模板影像

（e）直接镶嵌结果　　　　　　　　　　　（f）线性斜坡加权法结果

图 3-20　数据集 1 羽化过程(1)

（g）余弦距离加权羽化法结果　　　　　　　　　　（h）金字塔羽化法结果

（i）考虑区域变化的多尺度羽化法结果

图 3-20　数据集 1 羽化过程（2）

　　以直接镶嵌结果作为参考，还进行了定量比较，利用相关系数评估了镶嵌影像保留细节信息的能力。表 3-3 比较了数据 1 直接镶嵌结果与线性斜坡加权法、余弦距离加权羽化法、金字塔羽化法以及考虑区域变化的多尺度羽化法每个通道上的相关系数。由于伪影和重影，线性斜坡加权法每个通道的相关系数最小。余弦距离加权羽化法每个通道的相关系数均大于线性斜坡加权法。由于羽化宽度较窄，金字塔羽化法每个通道都具有最大的相关系数值。考虑区域变化的多尺度羽化法获得的相关系数值接近于金字塔羽化法。对比表明，考虑区域变化的多尺度羽化法保留细节信息的能力，优于线性斜坡加权法和余弦距离加权羽化法，并且与金字塔羽化法非常接近。考虑到接缝线穿越辐射差异较大区域时，金字塔羽化法的性能较差，因此，综合评估考虑变化区域的多尺度羽化法在数据集 1 的处理中获得了最好的处理效果。

表 3-3 与直接镶嵌结果的相关系数比较

方法	红	绿	蓝
线性斜坡加权法	0.969	0.989	0.968
余弦距离加权羽化法	0.972	0.992	0.971
金字塔羽化法	0.979	0.999	0.978
考虑区域变化的多尺度羽化法	0.977	0.997	0.976

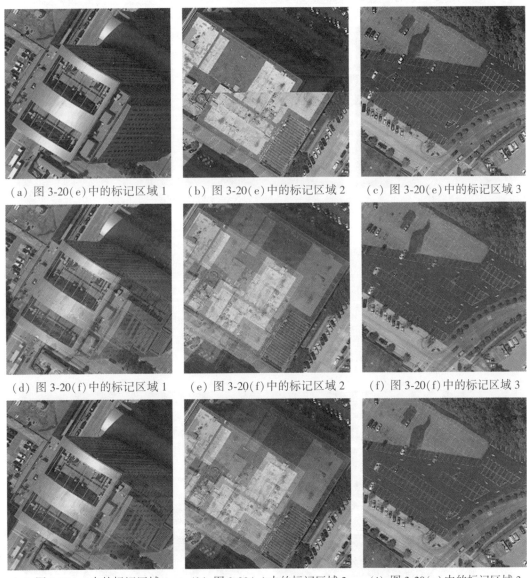

（a）图 3-20(e)中的标记区域 1　（b）图 3-20(e)中的标记区域 2　（c）图 3-20(e)中的标记区域 3

（d）图 3-20(f)中的标记区域 1　（e）图 3-20(f)中的标记区域 2　（f）图 3-20(f)中的标记区域 3

（g）图 3-20(g)中的标记区域 1　（h）图 3-20(g)中的标记区域 2　（i）图 3-20(g)中的标记区域 3

图 3-21　标记区域细节（1）

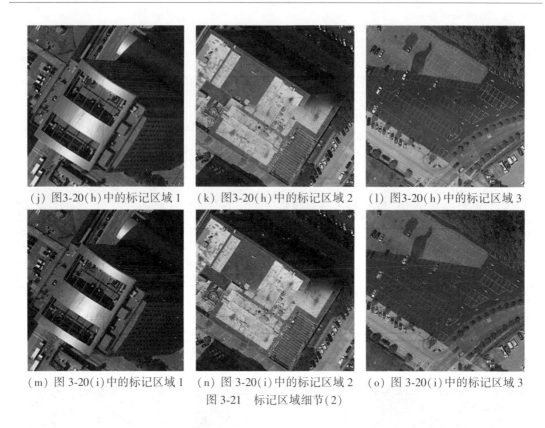

（j）图3-20(h)中的标记区域1　　（k）图3-20(h)中的标记区域2　　（l）图3-20(h)中的标记区域3

（m）图3-20(i)中的标记区域1　　（n）图3-20(i)中的标记区域2　　（o）图3-20(i)中的标记区域3

图3-21　标记区域细节(2)

　　图3-22给出了数据集2的羽化过程。数据集2中图像大小约为2800×2300像素。图3-22和图3-23比较了直接镶嵌、线性斜坡加权法、余弦距离加权羽化法、金字塔羽化法和考虑区域变化的多尺度羽化法的结果。这些方法参数设置均与数据集1相同。图3-22(a)和图3-22(b)分别给出了重叠区左右影像叠加接缝线的情况。图3-22(c)~(g)分别显示了通过直接镶嵌、线性斜坡加权法、余弦距离加权羽化法、金字塔羽化法以及考虑区域变化的多尺度羽化法的处理结果。

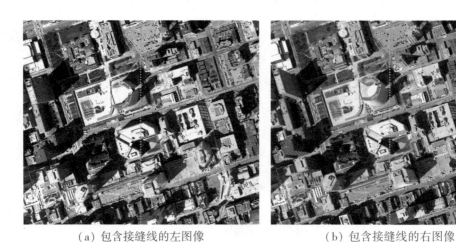

（a）包含接缝线的左图像　　　　　　　（b）包含接缝线的右图像

图3-22　数据集2羽化过程(1)

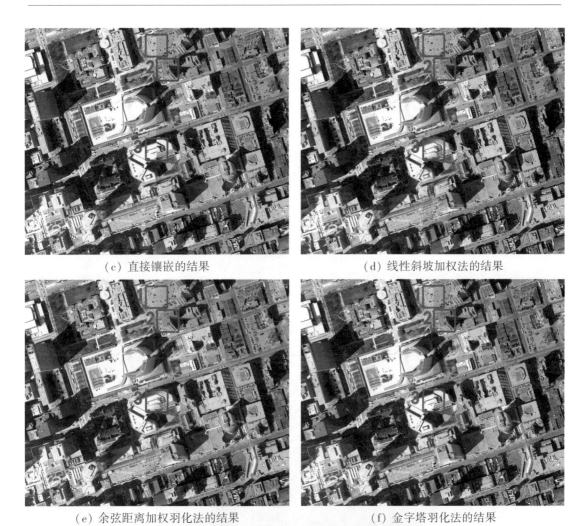

（c）直接镶嵌的结果 　　　　　　（d）线性斜坡加权法的结果

（e）余弦距离加权羽化法的结果 　　　　（f）金字塔羽化法的结果

（g）考虑区域变化的多尺度羽化法的结果

图 3-22　数据集 2 羽化过程（2）

图 3-22 中的标记区域 1、2 和 3 分别表示接缝线穿越辐射差异较大区域、接缝线经过建筑物附近，以及接缝线穿越建筑物时的三种典型情况。这三种情况处理结果细节如图 3-23 所示。图 3-23 中从上到下，依次显示了直接镶嵌、线性斜坡加权法、余弦距离加权羽化法、金字塔羽化法以及考虑区域变化的多尺度羽化法的标记区域。当接缝线穿越辐射差异较大区域时(图 3-23(d))，线性斜坡加权法在给定的羽化宽度内实现了平滑过渡，但由于出现了运动的白色汽车，使得重影和伪影仍然存在(图 3-23(d)中的标记区域)，当接缝线经过建筑物附近(图 3-23(e))以及接缝线穿越建筑物(图 3-23(f))时，会出现更明显的重影和伪影。余弦距离加权羽化法得到的结果与线性斜坡加权法类似(图 3-23(g)~(i))，当然，当接缝线经过建筑物附近(图 3-23(h))或接缝线穿越建筑物(图 3-23(i))时，由余弦距离加权羽化法造成的重影和伪影，少于线性斜坡加权法。金字塔羽化法成功地避免了上述三种情况下的重影和伪影(图 3-23(j)~(l))，但当接缝线穿越辐射差异较大区域时，过渡并不平滑(图 3-23(j))。考虑区域变化的多尺度羽化法则避免了上述方法的缺点，在上述三种典型情况下表现良好(图 3-23(m)~(o))。当然，考虑区域变化的多尺度羽化法也存在缺陷，如图 3-23(n)所示，建筑物区域仍然存在重影。

(a) 图 3-22(c)中的标记区域 1

(b) 图 3-22(c)中的标记区域 2

(c) 图 3-22(c)中的标记区域 3

(d) 图 3-22(d)中的标记区域 1

(e) 图 3-22(d)中的标记区域 2

(f) 图 3-22(d)中的标记区域 3

图 3-23　结果的细节(1)

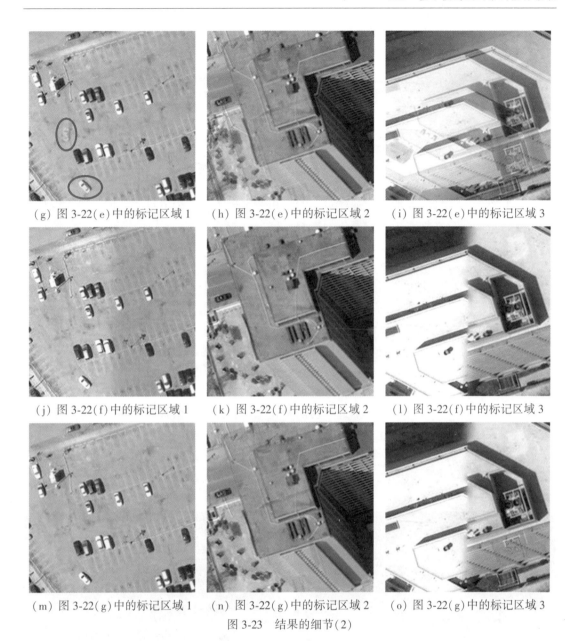

(g) 图 3-22(e)中的标记区域 1　　(h) 图 3-22(e)中的标记区域 2　　(i) 图 3-22(e)中的标记区域 3

(j) 图 3-22(f)中的标记区域 1　　(k) 图 3-22(f)中的标记区域 2　　(l) 图 3-22(f)中的标记区域 3

(m) 图 3-22(g)中的标记区域 1　　(n) 图 3-22(g)中的标记区域 2　　(o) 图 3-22(g)中的标记区域 3

图 3-23　结果的细节(2)

　　表 3-4 比较了数据集 2 直接镶嵌结果与线性斜坡加权法、余弦距离加权羽化法、金字塔羽化法以及考虑区域变化的多尺度羽化法每个通道上的相关系数。线性斜坡加权法每个通道的相关系数最小。余弦距离加权羽化法每个通道的相关系数均大于线性斜坡加权法。金字塔羽化法每个通道都具有最大的相关系数值。考虑区域变化的多尺度羽化法获得的相关系数值接近于金字塔羽化法。对比表明，考虑区域变化的多尺度羽化法保留细节信息的能力，优于线性斜坡加权法和余弦距离加权羽化法，并且与金字塔羽化法非常接近。考虑到接缝线穿越辐射差异较大区域时，金字塔羽化法的性能较差，因此，综合评估考虑区域变化的多尺度羽化法也在数据集 2 的处理中获得了最好的处理效果。

表 3-4　　　　　　　　　　　　　　与直接镶嵌结果的相关系数比较

方法	红	绿	蓝
线性斜坡加权法	0.975	0.995	0.976
余弦距离加权羽化法	0.977	0.997	0.978
金字塔羽化法	0.980	0.999	0.980
考虑区域变化的多尺度羽化法	0.979	0.999	0.979

综上所述，线性斜坡加权法都在给定的羽化宽度中实现了平滑过渡，但是由于线性斜坡加权法是一个盲处理方法，如果在羽化宽度内存在投影差异（例如，接缝线经过建筑物附近或穿越建筑物）或运动目标（例如运动的车辆），重影和伪影就会出现（Milgram，1975）。

余弦距离加权羽化法处理结果与线性加权法类似。由于改进了权值函数，所以在过渡区边界附近，余弦距离加权羽化法比线性斜坡加权法过渡更平滑（Li 等，2015）。因此，余弦距离加权羽化法产生的重影和伪影，比线性斜坡加权法少。

金字塔羽化法总是能避免重影和伪影，但当接缝线穿越辐射差异较大区域时，过渡并不平滑。这主要是因为此方法的羽化过程实际上是在狭窄的宽度上进行的（Burt，1983）。

综合考虑视觉效果和定量统计，考虑区域变化的多尺度羽化法效果最好。这是由于该方法对变化区域和不变区域采取了选择性的羽化策略，改进了模板影像的生成。对于变化区域，如果接缝线经过其附近或穿越它们，则羽化处理将被限制在较窄的宽度进行，这与金字塔羽化法类似。对于不变区域，如果接缝线经过其附近或穿越它们，则羽化处理将在设置的羽化宽度进行，以实现平滑过渡，这与线性斜坡加权法类似。

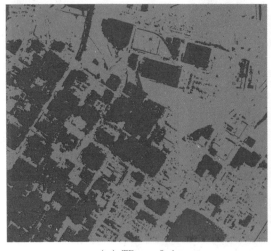 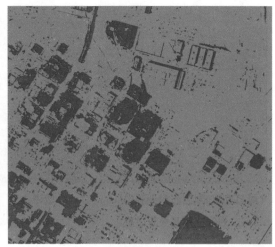

（a）TRate=0.1　　　　　　　　　　（b）TRate=0.3

图 3-24　TRate 取不同值时得到的变化区域

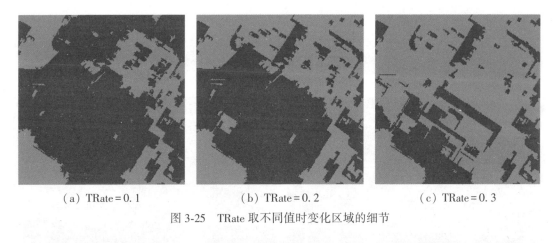

　　（a）TRate=0.1　　　　　　（b）TRate=0.2　　　　　　（c）TRate=0.3

图 3-25　TRate 取不同值时变化区域的细节

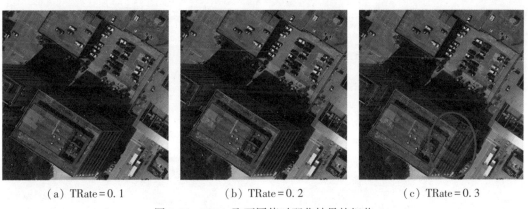

　　（a）TRate=0.1　　　　　　（b）TRate=0.2　　　　　　（c）TRate=0.3

图 3-26　TRate 取不同值时羽化结果的细节

　　当然，考虑区域变化的多尺度羽化法也有其缺点。该方法的关键步骤是区分变化区域和不变区域。包含建筑物和运动目标的区域是否能被准确确定为变化区域，对于方法的性能具有重要影响。如图 3-23（n）所示，由于建筑物屋顶的颜色与道路非常相似，使得建筑物屋顶的边界不清楚，导致建筑物屋顶和道路被分割成同一区域，建筑物区域没有被确定为变化区域，所以在建筑物区域仍然存在重影。

　　另外选择合适的分割和变化检测参数也是一个挑战，下面进一步分析参数的选择及敏感性。考虑区域变化的多尺度羽化法中区域变化率的阈值 TRate 应该适中，该方法对 TRate 的取值略微敏感。图 3-24 分别显示了对于数据集 1，当 TRate=0.1（图 3-24（a））和 TRate=0.3（图 3-24（b））时得到的变化区域。图 3-25 显示了当 TRate=0.1，TRate=0.2 和 TRate=0.3 时变化区域的细节。图 3-26 进一步显示了当 TRate=0.1，TRate=0.2 和 TRate=0.3 时，考虑变化区域的多尺度羽化方法分别取得的羽化结果。显然，与 TRate=0.2 相比，当 TRate=0.1 时，更多的区域被作为变化区域，而当 TRate=0.3 时，更少的区域被作为变化区域。当 TRate=0.3 时，只有部分建筑物被作为变化区域，因此在羽化处理后，建筑物区域仍然存在重影和伪影。如图 3-26（c）所示，特别是在标记的椭圆区域中重影和伪影非常明显。当 TRate 为 0.1 和 0.2 时，羽化结果(图 3-26(a)、3-26(b))相似且令人满意。因此，TRate 取相对较小的值可以得到更好的处理结果。当然，TRate 的值太小也不适合，因为 TRate 过小会使更多的区域被视为变化区域，从而会使考虑变化区域的多尺度羽化方法更接近于金字塔羽化方法(Burt 等，1983)。

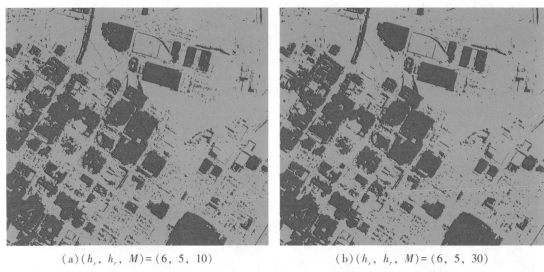

$(a)(h_s,\ h_r,\ M)=(6,\ 5,\ 10)$　　　　　　$(b)(h_s,\ h_r,\ M)=(6,\ 5,\ 30)$

图 3-27　均值平移算法取不同参数值时得到的变化区域

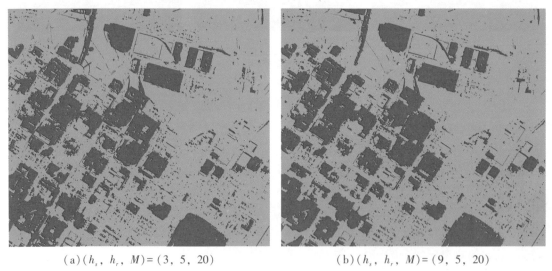

$(a)(h_s,\ h_r,\ M)=(3,\ 5,\ 20)$　　　　　　$(b)(h_s,\ h_r,\ M)=(9,\ 5,\ 20)$

图 3-28　均值平移算法取不同参数值时得到的变化区域

为了进一步分析考虑区域变化的多尺度羽化法对分割参数的敏感性，设置了不同的均值平移算法参数 $(h_s,\ h_r,\ M)$。该方法对 M 值不敏感，它对于不同的 M 值产生了几乎相同的变化区域(比较图 3-27(a)，图 3-27(b)和图 3-20(c))。变化区域相同，那么羽化结果也是相同的。但该方法对 h_s 和 h_r 的值略微敏感。对于不同的 h_s 值，该方法产生的结果略有不同。尽管确定的变化区域与 h_s 取其他不同值时的情况相似(比较图 3-28(a),图 3-28(b)和图 3-20(c)),但是羽化结果的细节仍然稍有不同。图 3-29(a)~(c)分别显示了当 $(h_s, h_r, M) = (3, 5, 20)$,$(h_s, h_r, M) = (6, 5, 20)$ 和 $(h_s, h_r, M) = (9, 5, 20)$ 时羽化处理结果中的一个选定区域。显然,当 $(h_s, h_r, M) = (3, 5, 20)$ 时,仍然存在一些重影和伪影(图 3-29(a)中标记的椭圆区域)。图 3-29(d)~(f)分别显示了当 $(h_s, h_r, M) = (3, 5, 20)$,$(h_s, h_r, M) = (6, 5, 20)$ 和 $(h_s, h_r, M) = (9, 5, 20)$ 时,羽化处理结果中的另一个选定区域。显然,当 $(h_s, h_r, M) = (9, 5, 20)$ 时,也存在一些重影和伪影(图 3-29(f)中标记的椭圆区域)。就 h_r 而言,当它取不同的值时,结果也略有不同。如图 3-30 所示,h_r 不同时,得到的变化区域随之不同。当 $(h_s, h_r, M) = (6, 2.5, 20)$ 时,变化区域更加分散,当 $(h_s, h_r, M) = (6, 7.5, 20)$ 时,变化区域更加集中。图 3-31 进一步展示了当 $(h_s, h_r, M) = (6, 2.5, 20)$,$(h_s, h_r, M) = (6, 5, 20)$ 和 $(h_s, h_r, M) = (6, 7.5, 20)$ 时,羽化结果中的选定区域。显然,当 $(h_s, h_r, M) = (6, 2.5, 20)$ 和 $(h_s, h_r, M) = (6, 7.5, 20)$ 时,重影和伪影仍然存在(图 3-31(a),图 3-31(c)中标记的椭圆区域)。

(a) $(h_s, h_r, M) = (3, 5, 20)$ (b) $(h_s, h_r, M) = (6, 5, 20)$ (c) $(h_s, h_r, M) = (9, 5, 20)$

(d) $(h_s, h_r, M) = (3, 5, 20)$ (e) $(h_s, h_r, M) = (6, 5, 20)$ (f) $(h_s, h_r, M) = (9, 5, 20)$

图 3-29 均值平移算法取不同参数值时(从左到右)羽化结果中的两个选定区域

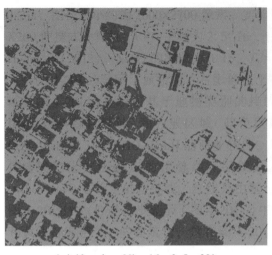

$(a)(h_s,\ h_r,\ M)=(6,\ 2.5,\ 20)$　　　　$(b)(h_s,\ h_r,\ M)=(6,\ 7.5,\ 20)$

图 3-30　MS 参数取不同值时得到的变化区域

$(a)(h_s,\ h_r,\ M)=(6,\ 2.5,\ 20)$　$(b)(h_s,\ h_r,\ M)=(6,\ 5,\ 20)$　$(c)(h_s,\ h_r,\ M)=(6,\ 7.5,\ 20)$

图 3-31　MS 参数取不同值时羽化结果的选定区域

3.4　本章小结

　　本章详细回顾了常规 Voronoi 图以及面 Voronoi 图,结合影像镶嵌的实际需求,扩展了面 Voronoi 图,提出了一种新的顾及重叠的面 Voronoi 图,主要包括顾及重叠的面 Voronoi 图的定义、各种相关的性质。结合航空影像镶嵌的实际应用,在顾及重叠的面 Voronoi 图基础上,提出了基于接缝线网络的整体镶嵌方法,即首先基于顾及重叠的面 Voronoi 图生成基于全局的初始接缝线网络,然后基于接缝线网络进行镶嵌合成及羽化处理,如果想获得高质量镶嵌影像还可利用重叠区的影像内容进行接缝线网络的优化。生成的接缝线网络生成整体考虑了镶嵌范围内的所有影像,将各影像覆盖范围进行了有效的划分,且这种划分是唯一的、没有冗余的和无缝的;形成的每幅影像所属的有效镶嵌多边形,即 Voronoi 多边形之间既没有相互重叠部分,也没有遗漏部分,共同构成了整个镶嵌范围。总的来说，基于接缝线网络的整体镶嵌方法具有以下几点优势：

（1）可以很方便地确定每幅影像的有效镶嵌多边形，基于有效镶嵌多边形，可以直接获得最终的镶嵌结果，避免了中间结果的产生，因此具有更高的效率；可直接输出任意范围的镶嵌影像，实现快速的镶嵌效果预览。

（2）每幅正射影像有效镶嵌多边形的生成只与相邻的与其具有重叠的正射影像有关，接缝线网络优化时，各 Voronoi 顶点以及各单独接缝线的优化也都只与相关的部分影像有关，因此这些处理可以同时进行，可实现并行处理。

（3）最终镶嵌结果与进行镶嵌的影像的顺序无关。

（4）通过编辑接缝线网络或有效镶嵌多边形可以很容易地避开一些特定的区域，比如亮斑、云等区域。

在接缝线网络生成方法方面，提出了通用的基于矢量的接缝线网络生成方法，可适用于影像有效范围为凸多边形的情况，也可以适用于复杂的重叠情况；为了克服基于矢量的接缝线网络生成方法只能处理影像间重叠区域是凸多边形的情况，并提高生成的接缝线网络覆盖范围的准确性，进一步基于改进的种子点区域生长算法，提出了基于栅格的接缝线网络生成方法。在进行镶嵌合成后，进行羽化处理时，为了确保镶嵌影像尽可能准确地反映地表真实情况，提出了一种考虑变化区域的接缝线多尺度羽化方法；在羽化过程中，变化区域和不变区域采用了不同的处理策略：变化区域在有限宽度内羽化或者不进行羽化，从而避免重影和伪影，不变区域在设定的羽化宽度内进行羽化，以实现平滑过渡。

第四章　接缝线网络优化

4.1　引言

上一章生成的接缝线网络是从几何意义上对整个镶嵌范围进行的划分，就每一段接缝线而言，并没有考虑到影像的内容，并不是最优的接缝线。影像之间可能存在辐射差异，也会存在投影差现象（使某些地物在重叠区存在几何错位，比如建筑物）。如果接缝线穿越了辐射差异较大区域，或者存在投影差的区域，就会影响最终镶嵌影像的质量。接缝线穿越差异区域镶嵌示意图如图 4-1 所示，此时镶嵌影像就会在接缝线附近由于几何错位或辐射差异导致明显的"接缝"，甚至存在鬼影或重影现象，破坏镶嵌影像中地物目标的完整性，影响镶嵌影像质量及后续应用。因此，对于初始的接缝线网络，还需要基于影像内容进行优化，使接缝线尽可能地位于辐射差异最小的部分，并且避免穿越存在投影差现象的区域或存在几何错位的地物。

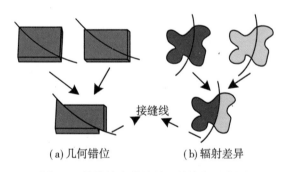

图 4-1　接缝线穿越差异区域镶嵌示意图

目前接缝线优化方法通常采用一定的测度（如像元差异、纹理差异、色彩差异或分割区域差异等）计算重叠区域的差异，然后采用一定的搜索策略选择一条差异最小的路径作为镶嵌线（李军等，1995；Shiren，1989；Fernández 等，1998；Kerschner，2001；孙明伟等，2009；张剑清等，2009；Chon 等，2010；Yu 等，2012；袁修孝等，2012；韩天庆，2014；Pan 等，2015；岳贵杰等，2015；袁胜古等，2015；袁修孝等，2015）；或者利用影像分割等使接缝线尽可能地沿着明显地物的边界，用地物的边界"掩盖"镶嵌时可能出现的接缝（Soille，2006；陈继溢，2015）；或者基于道路矢量、DSM 等辅助数据（左志权等，2011；Wan 等，2013；Chen 等，2014）对城市区域镶嵌时接缝线的走向进行优化。这些方法多数只关注两幅影像的情况，直接利用这些方法进行镶嵌时，则需要采用两两镶嵌的方法(Afek 等，1998；蒋红成，2004)，存在中间结果，且结果依赖处理顺序。为了避免这些缺点，一些学者在航空影像的镶嵌处理中，提出了接缝线网络的生成与优化方法(Pan 等，2009；Mills 等，2013；Pan 等，2014；Chen 等，2014；Li 等，2016；Song 等，2017)，可从整体上确定各影像的有效镶嵌范围，优化接缝线的走向。

总的来说，目前已有方法多属于像素级方法，缺少对地物目标区域差异的描述，因此难以确保使接缝线避免穿越建筑物等明显地物目标。本章为了确保使接缝线尽可能避免穿越建筑物等明显地物目标，保持地物目标的完整性，提出了对象级与像素级结合的接缝线网络优化策略。对象级优化思想是基于影像分割、地物提取识别等方法获得关于地物目标的区域对象信息，以区域对象为单元，首先基于对象级测度进行优化，获得优选区域或候选区域，再在确定的优选区域或候选区域内进行像素级的优化，从而获得最终优化后的接缝线。本章将对接缝线网络优化相关方法进行详细阐述。

4.2 接缝线网络优化总体思路

本章接缝线网络优化采用了分步优化的策略，即接缝线网络中的顶点与接缝线进行分步优化，首先进行顶点优化，然后再进行接缝线的优化。顶点就是接缝线网络中多条接缝线的交点。优化的过程是基于影像重叠区域的差异进行的，并采用一定搜索策略来实现。重叠区域的差异可采用传统像素级差异测度，也可以采用后续章节阐述的对象级差异测度。

顶点的优化在相应的多度重叠区域内进行，寻找多幅影像间差异最小的像素。假定顶点位于 n 度重叠区域 A，也就是说存在 n 幅($n \geqslant 3$)影像，它们具有共同的重叠区，像素(x, y)是 n 度重叠区域中的一个像素，则优化后的顶点为：

$$V(x, y) = \min_{(x, y) \in A} D(x, y) \tag{4-1}$$

式中 $D(x, y)$ 是该像素处 n 幅影像间的差异，定义为：

$$D(x, y) = \max_{i, j = 1, \cdots, n, i \neq j} D_{ij}(x, y) \tag{4-2}$$

式中，$D_{ij}(x, y)$ 是影像 i 和影像 j 在像素(x, y)处的差异。

接缝线的优化，实际上是一个从起点到终点的路径寻找问题，即采用一定的测度计算重叠区域的差异，然后采用一定的搜索策略寻找一条影像间差异尽可能小的路径。起点与终点是顶点或者影像有效范围边界间的交点。设影像 m 为左影像，影像 n 为右影像，则每条路径的代价定义为：

$$f(PS) = \max \sum D_{mn}(x, y), \quad (x, y) \in PS \tag{4-3}$$

接缝线的优化就是寻找一条从起点到终点代价最小化的路径 PS。其中 $D_{mn}(x, y)$ 是影像 m 和影像 n 在像素(x, y)处的差异。在进行接缝线优化时，已有的各种接缝线优化方法均可采用，也可以采用后续章节阐述的对象级优化方法。

4.3 基于分割对象跨度的接缝线优化

理想的接缝线应避免穿越明显的地物目标，例如建筑物或运动的车辆，并尽量穿越具有平滑纹理的区域，例如道路、河流、草地或裸地。这样的接缝线有助于保持地物目标的完整性，提高镶嵌影像质量。但多数已有接缝线优化方法都是以像素为单位计算重叠区域的差异，不能反映地物目标的区域信息，所以难以确保使接缝线避免穿越建筑物等明显地物目标。本节将影像分割引入接缝线优化中来改善接缝线的走向，通过影像分割获得地物目标的区域信息，并根据地物目标分割区域的跨度确定接缝线的优选区域，即接缝线优先选择穿越的区域。最后根据确定的优选区域，进行像素级优化，即基于像素的差异搜索优化的接缝线。确定优选区域是为了首先在地物目标的分割区域层面对接缝线的走向进行优化约束，而像素级优化则是为了进一步在局部区域优化接缝线的走向。基于影像分割的接缝线优化流程如图 4-2 所示。为提高处理效率，可采用分层策略构建金字塔影像。

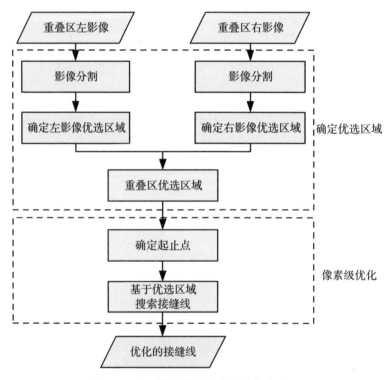

图 4-2　基于影像分割的接缝线优化流程

4.3.1 基于分割区域跨度的优选区域确定

接缝线的优选区域是下一步进行像素级优化的优选区域。该候选区域的确定是通过分割后影像来完成的。即分别对重叠区域的左影像和右影像进行影像分割，然后分别在重叠区左、右影像中，根据分割区域的跨度来确定候选区域。最后根据在重叠区左、右影像确定的优选区域得到重叠区域的优选区域。优选区域确定的想法很简单。在城市区域，建筑物、车辆和其他移动目标相对较小，且通常是孤立的，因此，它们在影像分割的过程中，会被分割成一个或多个孤立区域，每个分割区域的范围有限。然而，道路、河流、草地和裸地，纹理平滑，尺寸相对较大，且常常将建筑物包围，它们在影像分割后会成为范围较大的分割区域。由于分割区域的大小可以通过跨度来衡量，因此本节通过分割区域的跨度来确定优选区域。任意分割区域 i 的跨度定义为：

$$\text{Span}(i) = \text{Max}(\nabla x, \nabla y) \tag{4-4}$$

其中 ∇x 和 ∇y 是区域 i 分别在水平与垂直方向上边界矩形框的大小。

具体而言，需要基于图像分割的结果，在重叠区域左右影像中分别确定优选区域。具体确定时，是根据跨度的阈值 S_T 来进行的，跨度值大于 S_T 的区域视为优选区域。跨度 S_T 的阈值可以通过地面覆盖范围内最大物体的实际尺寸来估计，例如建筑物、汽车和其他孤立的目标。最后将重叠区域左右影像确定的优选区域的交集定义为最终该重叠区域的优选区域。

4.3.2 像素级优化

像素级优化的目的是根据确定的优选区域，进一步在局部区域优化接缝线的走向。像素级优化时，接缝线起点和终点定义为影像有效范围边界的交点（Chon 等，2010）。优选区域确定后，重叠区域像素的差异将被更新，更新后的差异定义如公式（4-5）所示，即影像 i 和影像 j 重叠区域像素 (x, y) 处更新后的差异定义为：

$$D_{ij}(x, y) = \begin{cases} w \cdot D'_{ij}(x, y), & \text{if}(i, j) \in \text{PRs}, \ 0 < w < 1 \\ D'_{ij}(x, y), & \text{otherwise} \end{cases} \tag{4-5}$$

其中 w 是优选区域像素的权重，与重叠部分的其他像素相比，优选区域中的像素权重较小；$D'_{ij}(x, y)$ 是影像 i 和 j 在像素 (x, y) 处的差异；PRs 表示重叠区域中的优选区域。更新重叠区域像素差异后，采用瓶颈模型（Fernández 等，1998）确定沿接缝线的最大差异，然后基于最大差异约束，采用差分代价的最短路径搜索确定最终的接缝线。

1. 基于 Bottleneck 模型的最小化最大差异优化

最小化最大差异优化采用 Bottleneck 模型进行，目的是在使局部极大值最小化的前提下进行路径搜索，即使路径中的最大差异最小化，从而获得接缝线搜索的候选像素区域。处理思路可以用降水位模型来描述：首先，将差异表达视为地貌，点位像素坐标（行列号）表示该点平面坐标，该点差异值（代价值）表示高程；然后给定阈值 T，假设 T 对应水平面高度，则差异值在 T 以下的点处于"水平面"以下，而最小化最大差异限制就是找最低水平面 T，满足起止点之间有"水路"。当 T 减少，即水位降低时，连通起止点的水路越来越少，最小化最大差异限制就是逐渐降低水位直至不能再降低，即再降低时找不出连通起止点的水路。也就是说通过不断降低最大差异值，找到最小化的最大差异值，使得从起点至终点间仍然有连通路径，此时确定的最大差异值也就是优化后接缝线的最大差异值。

为了提高搜索的效率，可采用二分算法。设搜索路径代价（差异值）的上限值和下限值分别为 g 和 h（对于 8 位的影像数据，最糟糕的情况取值分别为 0 和 255），当前搜索值 z 是搜索区间的中点，即 $z = \dfrac{g+h}{2}$。首先依据起点和终点，在左右影像的重叠区域内寻找代价为 z 的路径是否存在。如果存在，则搜索路径代价的上限值变为 z；如果不存在，则搜索路径代价的下限值变为 $z+1$。搜索最大次数不会超过 $\log_2(h-g)$，对于 8 位的影像数据，搜索不会超过 8 次即可找到最小化的最大差异值。重叠区域中所有差异值不大于确定的最大差异值的像素即为进一步接缝线搜索的候选像素区域(Fernández 等，1998；Chon 等，2010)。

2. 基于差分代价的最短路径搜索

根据 Bottleneck 模型确定接缝线最大差异值后，就可以确定接缝线的候选像素区域。在候选像素区域内，采用基于差分的 Dijkstra 算法搜索最终的接缝线。在用 Dijkstra 算法进行搜索时，不直接使用像素的代价值，而是采用相邻像素代价值的差值(即差分)进行，是为了确保接缝线的走向尽量沿差异较小的区域，同时也尽量避免穿越多种地物特征。其计算方法如下式所示：

$$d_{uv,\,kl} = \left| D(u,\,v) - D(k,\,l) \right| \tag{4-6}$$

其中 $(u,\,v)$ 和 $(k,\,l)$ 表示相邻的两个像素；$D(u,\,v)$ 和 $D(k,\,l)$ 分别为像素 $(u,\,v)$ 和 $(k,\,l)$ 计算的代价值。令 $\mathrm{NBR}(u,\,v)$ 为像素 $(u,\,v)$ 的邻接像素组成的集合，$\mathrm{Cost}(u,\,v)$ 和 $\mathrm{Cost}(k,\,l)$ 分别为起点到像素 $(u,\,v)$ 和 $(k,\,l)$ 的最短路径代价，则 $\mathrm{Cost}(u,\,v)$ 的最短路径代价定义如下：

$$\mathrm{Cost}(u,\,v) = \min\left\{ d_{uv,\,kl} + \mathrm{Cost}(k,\,l)\,;\; (k,\,l) \in \mathrm{NBR}(u,\,v) \right\} \tag{4-7}$$

由于差异矩阵中相邻像素的差值反映了相邻像素差异的增量变化以及这种变化的趋势，对于差异本身不敏感，因此更适合接缝线的优化，也更合理。而且，如果起点和终点具有相近的差值，搜索得到的接缝线可能会属于同种地物特征，这样也有助于接缝线避免穿越多种地物特征。

4.3.3　实验与讨论

图 4-3 给出了某城市区域航空影像的例子，地面分辨率 0.5m，影像大小约为 4700×2500 像素。实验采用英特尔内核 i5-3320M CPU 的便携式计算机，主频 2.6GHz。为了提高处理效率，使用缩减因子 3 构建了一层金字塔影像，基于均值平移算法的影像分割是在构建的金字塔影像层进行的。$(h_s,\, h_r,\, M) = (6,\, 5.5,\, 15)$，其中 $(h_s,\, h_r)$ 是带宽参数，M 是最小显著特征大小。图 4-3 具体比较了 Dijkstra 算法、Chon 方法以及基于影像分割的接缝线优化方法。Dijkstra 算法和 Chon 方法是在未构建影像金字塔情况下进行的。图 4-3(a)和图 4-3(b)分别显示了左、右图像，其中虚线矩形框表示左右影像的重叠区域。图 4-3(c)显示了基于分割区域及重叠区域差异确定的优选区域，其中高亮显示区域即为确定的优选区域。图 4-3(d)比较了 Dijkstra 算法与基于影像分割的接缝线优化方法的结果。图 4-3(e)进一步显示了图 4-3(d)中标记矩形区域的细节。在图 4-3(d)和图 4-3(e)中，虚线是 Dijkstra 算法搜索的接缝线，实线是基于影像分割的接缝线优化方法得到的接缝线。显然，虚线穿越了几座桥梁，如果使用这样的接缝线进行镶嵌处理，将会导致镶嵌影像中出现错位、接缝等不连续现象。而实线主要沿着道路或桥梁，如果它被作为镶嵌处理的接缝线，将会避免接缝线穿越明显的地物目标，有助于保持地物目标的完整性，并提高镶嵌的

质量。图4-3(f)比较了Chon方法和基于影像分割的接缝线优化方法搜索的接缝线。图4-3(g)进一步显示了图4-3(f)标记矩形区域的细节。在图4-3(f)和图4-3(g)中，虚线是Chon方法搜索的接缝线，实线是基于影像分割的接缝线优化方法得到的接缝线。显然，虚线仍然穿过一些明显的地物目标。

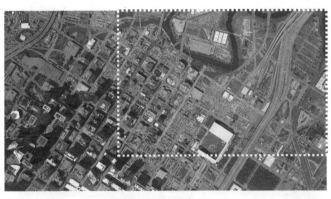

（a）左图像

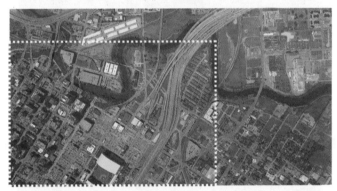

（b）右图像

（c）确定的优选区域（高亮显示区域）

图4-3　基于影像分割的接缝线优化（1）

（d）Dijkstra 算法（虚线）和基于影像分割的接缝线优化方法（实线）对比

（e）（d）中标记矩形区域的细节

（f）Chon 方法（虚线）和基于影像分割的接缝线优化方法（实线）对比

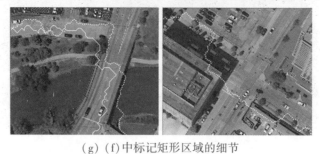

（g）（f）中标记矩形区域的细节

图 4-3　基于影像分割的接缝线优化（2）

　　图 4-4 进一步显示了使用 Dijkstra 算法、Chon 方法和基于影像分割的接缝线优化方法搜索的接缝线以及对应的镶嵌影像的细节对比情况。显然使用 Dijkstra 算法和 Chon 方法

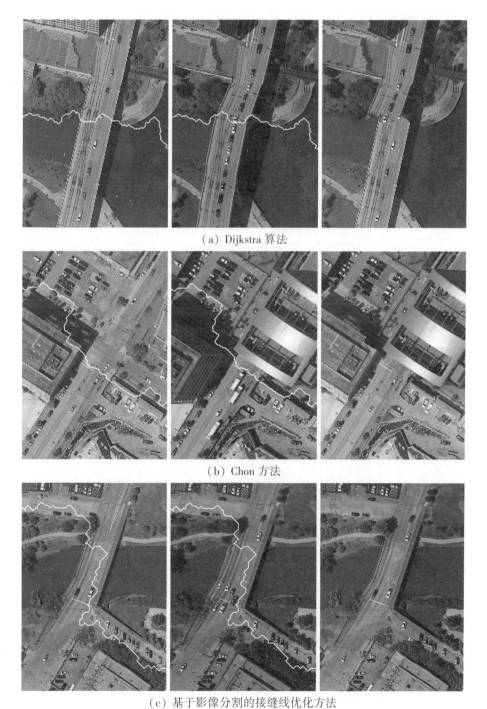

（a）Dijkstra 算法

（b）Chon 方法

（c）基于影像分割的接缝线优化方法

图 4-4　从左到右分别为：左图像中的选定区域、右图像中的选定区域以及对应区域的镶嵌影像

得到的接缝线分别穿越了桥梁、建筑物等区域，获得的镶嵌影像在桥梁、建筑物等区域也出现了明显的错位、接缝等不连续现象，而基于影像分割的接缝线优化方法获得的接缝线及对应的镶嵌影像则不存在这样的问题。此外，表 4-1 还给出了 Dijkstra 算法、Chon 方法和基于影像分割的接缝线优化方法的定量对比情况。从表 4-1 可以看出，Dijkstra 算法获得了最短的接缝线，但它穿越了 5 座桥梁。Chon 方法的效果比 Dijkstra 算法好，获得的接缝线也比 Dijkstra 算法长，但它穿越了 1 座桥梁和 2 座建筑物，且耗时最长。相比之下，基于影像分割的接缝线优化方法效果最好，成功避免了穿越建筑物、桥梁等明显的地物目标，而且通过构建金字塔影像，基于影像分割的接缝线优化方法效率也大幅提升，耗时最短，只需要 131.109s。

表 4-1　　　　　　　　　已有方法和基于影像分割的接缝线优化方法定量对比

方法	接缝线上像素数量	穿越明显地物目标数量	处理时间(s)
Dijkstra 算法	3992	5 座桥梁	226.476
Chon 方法	7416	1 座桥梁和 2 座建筑物	6288.455
基于影像分割的接缝线优化方法	6497	没有	131.109

基于影像分割的接缝线优化方法采用了基于差分的 Dijkstra 算法进行像素级优化，事实上，除差分外，还有其他方式定义路径的代价，如式(4-8)、式(4-9)所示：

$$d_{uv,\,kl} = D_{ij}(k,\,l) \tag{4-8}$$

$$d_{uv,\,kl} = \left| D_{ij}(u,\,v) - D_{ij}(k,\,l) \right| + D_{ij}(k,\,l) \tag{4-9}$$

图 4-5 显示了对图 4-3 中数据采用基于影像分割的接缝线优化方法进行像素级优化时，分别采用公式(4-8)和(4-9)定义的路径代价搜索得到的接缝线对比情况。图 4-5(b)显示了图 4-5(a)中标记矩形区域的细节。在图 4-5(a)和图 4-5(b)中，虚线是使用公式(4-8)定义的路径代价进行搜索得到的接缝线，实线是使用公式(4-9)定义的路径代价进行搜索得到的接缝线。显然，对图 4-3 中的数据，在像素级优化中，以这两种方式搜索得到的接缝线均穿越了多个桥梁，这会破坏镶嵌影像中地物目标的完整性。相比公式(4-6)定义的差分路径代价，采用这两种方式定义的路径代价搜索得到的接缝线效果较差。因此，使用差分路径代价更适用于像素级优化。由于差分表现了相邻像素差异的增量变化，并反映了变化趋势，因此它对像素差异值本身不敏感。另外，如果起点和终点具有相似的较大差异，此时使用差分路径代价搜索的接缝线会更合理。因为这种情况下，起点和终点可能属于相同类型地物，有利于确保接缝线尽可能沿同一类型地物。

（a）基于影像分割的接缝线优化方法在像素级优化中使用公式(4-8)、
公式(4-9)定义的路径代价搜索的接缝线

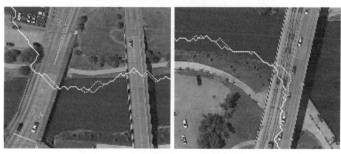

（b） （a)中标记矩形区域的细节

图 4-5　不同路径代价确定的接缝线对比

4.4　基于区域变化率的接缝线优化

4.3 节中基于分割对象跨度的接缝线优化只是利用了分割对象的尺寸，是属于比较初级的对象级优化。为了进一步提升接缝线优化的效果，提高镶嵌影像质量，本节提出了一种基于区域变化率(Region Change Rate, RCR)的接缝线优化方法。区域变化率是分割区域的变化率，结合了影像分割和变化检测技术，通过计算分割区域中变化像素所占的百分比来计算。该方法包含两个级别的优化，对象级优化和像素级优化。对象级优化是基于区域变化率来进行的，主要是根据各分割区域的变化率，确定接缝线允许穿越的连通区域，即接缝线的候选区域。需要指出的是，该接缝线的候选区域与 4.3 节中接缝线的优选区域是不同的。接缝线的优选区域是不连通的，最终优化后的接缝线并不完全位于优选区域内，只是更倾向于穿越优选区域。而接缝线的候选区域则是连通的，最终优化后的接缝线完全位于候选区域内。像素级的优化就是在接缝线的候选区域内进行的。基于区域变化率的接缝线优化流程如图 4-6 所示。在确定相邻影像的重叠区域之后，首先，进行基于影像分割和变化检测的对象级优化，确定接缝线的候选区域，即具有最小化的最大区域变化率的连通区域，只有在该连通区域允许接缝线穿越。其次，利用基于差分代价的 Dijkstra 算法，在接缝线的候选区域进行像素级优化，搜索优化后的接缝线。

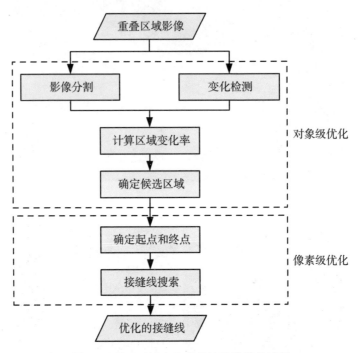

图 4-6　基于区域变化率的接缝线优化流程

4.4.1　基于区域变化率的对象级优化

对象级优化在重叠区域影像中，是结合影像分割与变化检测进行的。对重叠区域的左、右影像，分别进行影像分割，得到左、右影像的分割区域。同时，在重叠区域进行变化检测，确定出重叠区域中哪些属于变化像素，哪些属于不变像素。然后，基于分割区域中变化像素的百分比来计算每个分割区域的区域变化率。最后，根据各分割区域的区域变化率和区域间的邻接关系对各分割区域进行划分筛选，确定出接缝线的候选区域。

各分割区域的区域变化率计算具体可参见 3.3.2 节"2. 模板影像改进"。获得各分割区域的区域变化率之后，就可以确定接缝线的候选区域了。候选区域的确定过程实际上是基于区域变化率对各分割区域进行的对象级优化过程，目的是搜索得到区域变化率较小的允许接缝线穿越的连通区域。搜索过程同样也采用了瓶颈模型（Fernández 等，1998），以获得沿接缝线连通区域的最大区域变化率。当搜索候选区域时，每个分割区域看做是一个单元，搜索过程实际上是一个二分算法。获得候选区域之后就可以进行接缝线的像素级优化。候选区域是具有最小化的最大区域变化率的连通区域。以下是确定候选区域的步骤。

（1）按升序对各分割区域的区域变化率值排序。将排序后的区域变化率数组表示为 RCR_i，其中 $i=1$，2，$\cdots$，n。然后，找出最小的区域变化率，定义为 R_{Min}，以及最大的区域变化率，定义为 R_{Max}。

（2）确定起始区域和结束区域。起始区域和结束区域，分别是接缝线的起点和终点所在的区域，其中起点和终点指的是影像有效范围边界的交点（Chon 等，2010）。

（3）设置区域的初始搜索值为 $z = \dfrac{R_{\text{Min}} + R_{\text{Max}}}{2}$，然后根据分割区域的邻接关系，从起始区域到结束区域进行搜索，寻找是否存在区域变化率值不大于 z 的连通路径。

（4）如果存在从起始区域到结束区域的连通路径，令 $R_{\text{Max}} = z$；否则，令 $R_{\text{Min}} = z + \Delta R$。$\Delta R$ 是搜索过程中区域变化率的搜索步长。

（5）重复步骤（3）和步骤（4），直到 R_{Min} 与 R_{Max} 的差异小于 ΔR，求出该连通区域中最大的区域变化率 I_{MinMax}，即为最小化的最大区域变化率的值。区域变化率不大于 I_{MinMax} 的连通区域就构成了接缝线的候选区域，其他区域则为障碍区域，禁止接缝线穿越。通过这种方式，可以限制沿接缝线区域的最大区域变化率的值，使接缝线避免穿越区域变化率比较大的区域。

图 4-7 是基于区域变化率确定接缝线候选区域的示意图。图 4-7 矩形区域表示重叠区域。图 4-7（a）中，每个分割区域均采用区域变化率进行了标记。在进行接缝线搜索时，起点在左上角，终点在右下角，如图 4-7（b）所示。经过多次搜索，最小化的最大区域变化率为 18%。区域变化率不大于 18% 的区域就构成了接缝线的候选区域，即图 4-7（b）中的白色区域。RCR 值大于 18% 的区域是障碍区域，即图 4-7（b）中的黑色区域，也就是接缝线禁止穿越的区域。接缝线候选区域的确定在重叠区域左、右影像中分别确定。假设 AR_{L} 和 AR_{R} 分别是左、右图像的接缝线候选区域，则左、右图像中接缝线候选区域的并集，为最终确定的接缝线候选区域，即 $AR_{\text{L}} \cup AR_{\text{R}}$。

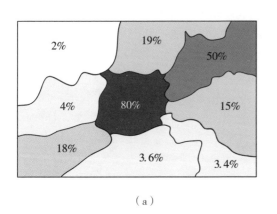
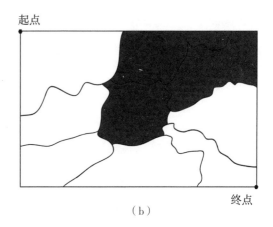

（a）　　　　　　　　　　　　　　　（b）

图 4-7　基于区域变化率确定接缝线候选区域示意图

4.4.2　像素级优化

像素级优化在确定的接缝线候选区域中进行，与基于影像分割的接缝线优化方法中的像素级优化类似。区别在于，基于区域变化率的接缝线优化方法对分割区域的划分筛选与基于影像分割的接缝线优化方法不同。假设 AR_i 和 AR_j 分别是影像 i 和影像 j 的重叠区域所确定的接缝线候选区域，令 $AR'=AR_i \cap AR_j$，$AR''=(AR_i \cup AR_j)-(AR_i \cap AR_j)$，则重叠区域像素的差异将被更新，即影像 i 和影像 j 重叠区域像素(x,y)处更新后的差异定义为：

$$D_{ij}(x,y) = \begin{cases} w \cdot D'_{ij}(x,y) & \text{if}(x,y) \in AR',\ 0 < w < 1 \\ D'_{ij}(x,y) & \text{if}(x,y) \in AR'' \\ \infty & \text{otherwise} \end{cases} \quad (4\text{-}10)$$

上式中，w 是 AR' 中像素的权重，$D'_{ij}(x,y)$ 是影像 i 和影像 j 在像素(x,y)处的差异。不属于接缝线候选区域的其他像素区域构成了障碍区域，接缝线被禁止穿越，其像素差异被定义为无穷大。接缝线只允许穿越候选区域，特别是 AR'，与其他区域像素相比，其像素具有更小的差异。这样在接缝线候选区域确定后，重叠区域被划分为三个类别：障碍区域、优选区域（AR'）和一般区域（AR''）。像素级优化主要是在接缝线候选区域中进行的，即 $AR' \cup AR''$ 区域。重叠区域像素差异更新后，与基于影像分割的接缝线优化方法中像素级优化类似，在接缝线候选区域采用瓶颈模型（Fernández 等，1998）确定沿接缝线的最大差异，然后基于最大差异约束，采用差分代价的最短路径搜索确定最终的接缝线。

4.4.3　实验与讨论

该数据的实验平台是一台主频 2.6GHz 的英特尔内核 i5-3320M CPU 的便携式计算机。实验中使用缩减因子 3 建立了一层金字塔影像来提高效率，基于均值平移算法的影像分割就是在金字塔影像层进行的，$(h_s, h_r, M)=(6, 5, 20)$，其中 (h_s, h_r) 是带宽参数，M 是最小显著特征大小。用于区分变化像素和不变像素的阈值 T_d 设定为 1.0，AR' 中像素的权重 w 设置为 0.1，以让接缝线尽可能地穿过 AR'。

图 4-8 给出了数据集 1 的实验情况。该数据集影像地面分辨率为 0.5m，大小约为 2100×2200 像素。图 4-8(a)和图 4-8(b)分别显示了左、右影像，其中虚线矩形框表示左右影像的重叠区域。图 4-8(c)显示了基于区域变化率的接缝线优化方法确定的接缝线候选区域（蓝色区域），以及起始区域和结束区域（红色区域）叠加差值影像的情况。图 4-8(d)比较了 Dijkstra 算法和基于区域变化率的接缝线优化方法搜索得到的接缝线。图 4-8(f)显示了图 4-8(d)中标记矩形区域的细节。在图 4-8(d)和图 4-8(f)中，虚线是 Dijkstra 算法确定的接缝线，实线是基于区域变化率的接缝线优化方法确定的接缝线。很明显，虚线穿越了一些建筑物和桥梁，使用这样的接缝线，不可避免地会使镶嵌影像中存在明显接缝。相反，实线则成功地避免了穿越建筑物和桥梁，使用这样的接缝线进行镶嵌，将可以保持地物目标的完整性，提升镶嵌影像质量。图 4-8(e)比较了 Chon 方法和基于区域变化率的接缝线优化方法确定的接缝线。图 4-8(g)显示了图 4-8(e)标记矩形区域的细节。在图 4-8(e)和图 4-8(g)中，虚线是 Chon 方法确定的接缝线，实线是基于区域变化率的接缝线优化方法确定的接缝线。显然，虚线仍然穿越了一些建筑物和桥梁。图 4-9 进一步显示了该数据集实验时一些选定区域的细节对比情况，包括左、右影像叠加接缝线以及对应区域的镶嵌影像（未羽化）。比较的方法包括 Dijkstra 算法、Chon 方法以及基于区域变化率的接缝线优化方法。显然，Dijkstra 算法和 Chon 方法确定的接缝线仍然穿越了一些建筑物，使镶嵌影像中出现了地物错位等不连续现象，如图中标出的矩形区域。

（a）左图像　　　　　　　　　　　（b）右图像

（c）差值影像叠加起始区域和结束区域（红色区域）　　（d）Dijkstra 算法（虚线）和基于区域变化率的接缝线
　　以及接缝线候选区域（蓝色区域）　　　　　　　　　优化方法（实线）确定的接缝线

（e）Chon方法（虚线）和基于区域变化率的　　（f）图（d）中标记矩形区域的细节　（g）图（e）中标记矩形区域细节
　　接缝线优化方法（实线）确定的接缝线

图 4-8　数据集 1 基于区域变化率的接缝线优化

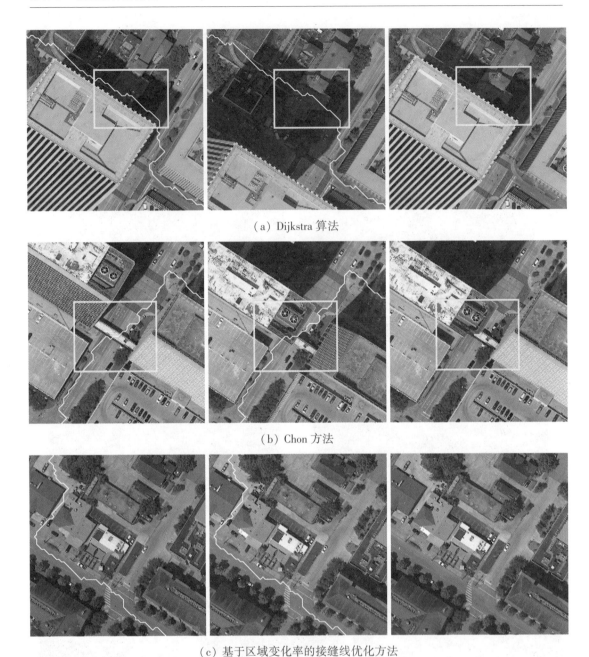

（a）Dijkstra 算法

（b）Chon 方法

（c）基于区域变化率的接缝线优化方法

图 4-9 数据集 1 选定区域细节，从左到右分别是左影像叠加接缝线、右影像叠加接缝线、镶嵌影像（未羽化）

表 4-2 进一步对数据集 1 的实验情况进行了定量比较。其中 Dijkstra 算法得到的接缝线最短，并且耗时最短。Chon 方法花费了更多的时间，并得到了最长的接缝线。然而，Dijkstra 算法和 Chon 方法确定的接缝线都穿过了一些建筑物和桥梁。相比之下，基于区域变化率的接缝线优化方法虽然处理时间最长，但效果最好，成功避免了穿越建筑物、桥梁

等地物目标。

表 4-2 数据集 1 已有方法和基于区域变化率的接缝线优化方法定量对比

方法	接缝线上像素数量	穿越明显地物目标数量	处理时间(s)
Dijkstra 算法	2519	2 座桥梁和 1 座建筑物	1.138
Chon 方法	3911	1 座桥梁和 1 座建筑物	5.791
基于区域变化率的接缝线优化方法	2975	没有	16.039

图 4-10 给出了数据集 2 的实验情况。该数据集影像地面分辨率为 0.3m，大小约为 1900×1400 像素。图 4-10(a) 和图 4-10(b) 分别显示了左、右影像，其中虚线矩形框表示左右影像的重叠区域。图 4-10(c) 显示了基于区域变化率的接缝线优化方法确定的接缝线候选区域(蓝色区域)以及起始区域和结束区域(红色区域)叠加差值影像的情况。图 4-10(d) 比较了 Dijkstra 算法和基于区域变化率的接缝线优化方法搜索得到的接缝线。图 4-10(f) 显示了图 4-10(d) 中标记矩形区域的细节。在图 4-10(d) 和图 4-10(f) 中，虚线是 Dijkstra 算法确定的接缝线，实线是基于区域变化率的接缝线优化方法确定的接缝线。很明显，虚线穿越了一些建筑物和桥梁，使用这样的接缝线，不可避免地会使镶嵌影像中存在明显接缝。相反，实线则成功地避免了穿越建筑物和桥梁，使用这样的接缝线进行镶嵌，将可以保持地物目标的完整性，提升镶嵌影像质量。图 4-10(e) 比较了 Chon 方法和基于区域变化率的接缝线优化方法确定的接缝线。图 4-10(g) 显示了图 4-10(e) 标记矩形区域的细节。在图 4-10(e) 和图 4-10(g) 中，虚线是 Chon 方法确定的接缝线，实线是基于区域变化率的接缝线优化方法确定的接缝线。显然，虚线仍然穿越了一些建筑物和桥梁。图 4-11 进一步显示了该数据集实验时一些选定区域的细节对比情况，包括左、右影像叠加接缝线以及对应区域的镶嵌影像(未羽化)。比较的方法包括 Dijkstra 算法，Chon 方法以及基于区域变化率的接缝线优化方法。显然，Dijkstra 算法和 Chon 方法确定的接缝线仍然穿越了一些建筑物，使镶嵌影像中出现了地物错位等不连续现象，如图中标出的矩形区域。

表 4-3 进一步对数据 2 的实验情况进行了定量比较。其中 Dijkstra 算法得到的接缝线最短，并且耗时最短。Chon 方法花费了更多的时间，并得到了较长的接缝线。然而，Dijkstra 算法和 Chon 方法确定的接缝线都穿越了 1 栋建筑物。相比之下，基于区域变化率的接缝线优化方法虽然处理时间最长，但效果最好，成功避免了穿越建筑物等地物目标。

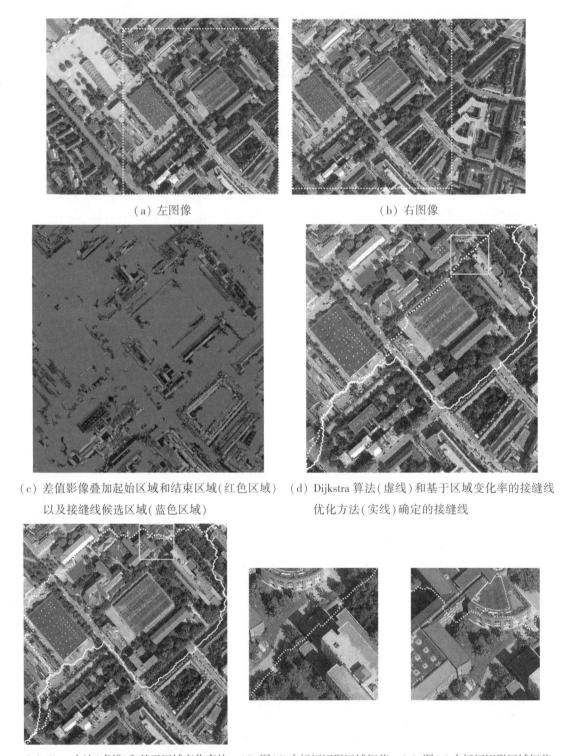

（a）左图像　　　　　　　　　　　（b）右图像

（c）差值影像叠加起始区域和结束区域(红色区域)　（d）Dijkstra 算法(虚线)和基于区域变化率的接缝线
　　以及接缝线候选区域(蓝色区域)　　　　　　　　　　优化方法(实线)确定的接缝线

（e）Chon 方法(虚线)和基于区域变化率的　（f）图(d)中标记矩形区域细节　（g）图(e)中标记矩形区域细节
　　接缝线优化方法(实线)确定的接缝线

图 4-10　数据集 2 基于区域变化率的接缝线优化

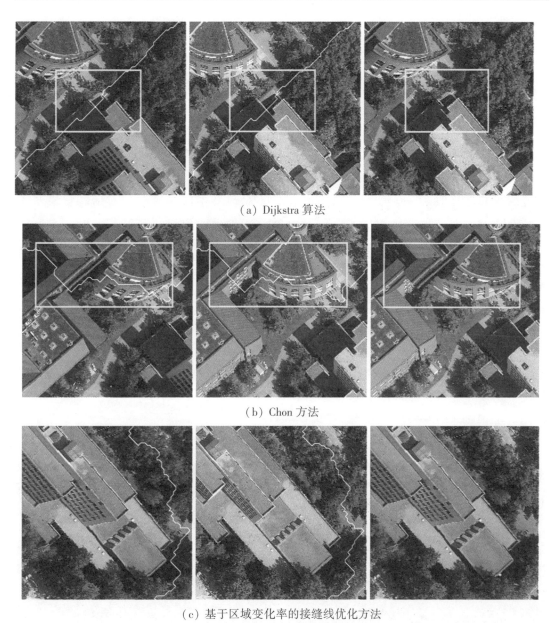

（a）Dijkstra 算法

（b）Chon 方法

（c）基于区域变化率的接缝线优化方法

图 4-11　数据集2选定区域细节，从左到右分别是左影像叠加接缝线，右影像叠加接缝线，镶嵌影像(未羽化)

表 4-3　　　　数据集 2 已有方法和基于区域变化率的接缝线优化方法定量对比

方法	接缝线上像素数量	穿越明显地物目标数量	处理时间(s)
Dijkstra 算法	1724	1 座建筑物	0.991
Chon 方法	2505	1 座建筑物	8.701
基于区域变化率的接缝线优化方法	2606	没有	10.196

区分变化像素和不变像素的阈值 T_d 应该适中。如果 T_d 太大，大多数区域的区域变化率将是 0，即在大多数区域中的像素都是不变像素；如果 T_d 太小，大多数区域的区域变化率将是 1，即在大多数区域中的像素都是变化的像素。显然，T_d 太大或太小都会影响对象级优化的性能，太多具有相同区域变化率的区域会使对象级优化无效。换句话说，T_d 的值应该使每个区域具有不同的区域变化率。事实上，基于区域变化率的接缝线优化方法对 T_d 值不敏感。图 4-12 给出了在 $T_d = 0.5$ 和 $T_d = 1.5$ 的情况下生成的接缝线。很明显，所提出的方法在 T_d 值分别为 0.5，1.0，1.5 的情况下，得到的接缝线非常相似。这是因为不同的 T_d 值，不会改变不同区域的相对值。只要基于区域变化率的区域排序是相似的，所提出的方法将生成相似的接缝线。但基于区域变化率的接缝线优化方法对影像分割中的参数略微敏感。如图 4-13 所示，设置了不同的影像分割参数，用以分析均值平移算法的参数对接缝线确定的影响。基于区域变化率的接缝线优化方法在 M 值不同时，产生了相似的结果，如图 4-13(e) 和图 4-13(f) 所示。对于不同的 h_s 值，基于区域变化率的接缝线优化方法得到的结果略有不同，如图 4-13(a) 和图 4-13(b) 所示。就 h_r 而言，其取不同值时，结果显著不同，如图 4-13(c) 和图 4-13(d) 所示。综上所述，除了在 $(h_s, h_r, M) = (6, 7.5, 20)$ 的情况下出现了生成的接缝线穿越桥梁的情况(如图 4-13(d) 所示)，其他均值平移算法参数都得到了可接受的结果。

(a) $T_d = 0.5$　　　　　　　　　　　　　(b) $T_d = 1.5$

图 4-12　不同 T_d 值生成的接缝线

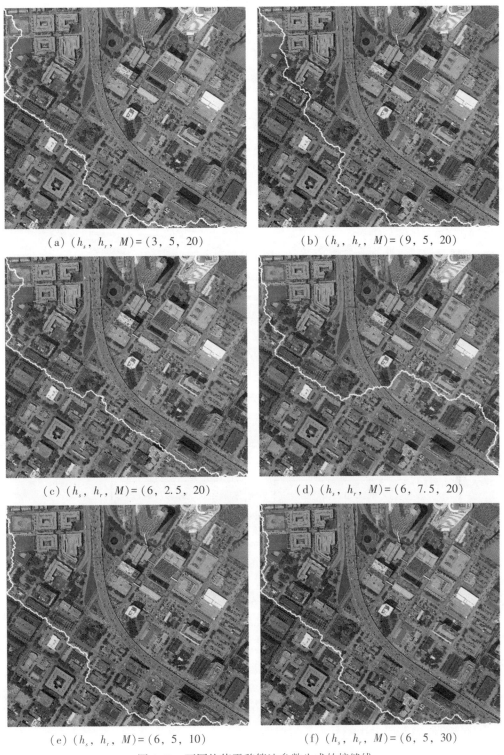

(a) $(h_s, h_r, M) = (3, 5, 20)$ (b) $(h_s, h_r, M) = (9, 5, 20)$

(c) $(h_s, h_r, M) = (6, 2.5, 20)$ (d) $(h_s, h_r, M) = (6, 7.5, 20)$

(e) $(h_s, h_r, M) = (6, 5, 10)$ (f) $(h_s, h_r, M) = (6, 5, 30)$

图 4-13 不同均值平移算法参数生成的接缝线

4.5　基于对象相似性的接缝线优化

与前面章节介绍的接缝线优化方法不同，本节提出的基于对象相似性的接缝线优化方法采用了一种对象相似性的优化思路，即在对重叠区域左影像分割后，以分割对象的相似性为度量，计算各分割区域的差异，从而以此来确定接缝线候选区域，进而在候选区域进行接缝线的优化。分割对象的相似性是通过计算分割后左右影像对应区域的相关系数来度量的。基于对象相似性的接缝线优化流程如图 4-14 所示。首先，为了克服均值平移算法进行影像分割时的效率问题，采用了自适应标记分水岭分割算法对左重叠区影像进行分割，将左重叠区影像的分割结果映射到右重叠区影像，建立分割对象在左右影像间的一一对应关系。然后将各分割对象在左右影像中对应区域的相似性作为各分割对象的相似性度量，在此基础上计算各分割对象的差异，从而进行对象级的优化，确定相似性最高的连通对象区域作为接缝线的候选区域。最后在接缝线的优先穿越区域中使用 Dijkstra 最短路径算法进行像素级优化，生成最终优化后的接缝线。

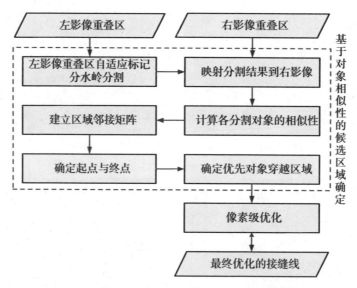

图 4-14　基于对象相似性的接缝线优化流程图

4.5.1　自适应标记分水岭分割

考虑到分割算法的效率，本节采用了基于自适应标记分水岭的影像分割算法对重叠区域的左影像进行分割。分水岭分割是将图像想象成一个三维的空间，其中两个维度为图像的行、列，另一个维度为图像的灰度值。其基本思想是：假设在每个区域最小值的位置上打一个小孔，让水以均匀的上升速率从小孔中涌出，从低到高淹没整个地形。当处在不同汇聚盆地中的水将要聚合在一起时，修建大坝阻止聚合。水将最终到达一个只有水坝顶部可见水面的阶段。这些大坝的边界对应于分水岭的分割线。分水岭分割作为一种基于区域的影像分割方法，具有算法简单、计算效率高、对弱边缘比较敏感，且能得到分割对象的完整边界以便于后续处理等优点。但分水岭算法通常会由于噪声和其他诸如梯度的局部不规则性的影响导致过度分割。为了控制过度分割，一些学者提出了以标记的概念为基础的标记分水岭算法（Meyer 等，1990；Vincent 等，1991）。标记分水岭分割算法包括两个步骤：标记图像的提取和影像标记（即沉浸）。由于航空影像分辨率比较高，影像所覆盖的地物多样，具有丰富的纹理信息，其图像的梯度大小分布比较杂乱。对于内部比较均一的地物，其地物内部的梯度值大小一般会小于地物边缘的梯度值；但是对于具有复杂纹理的地物，其地物内部的梯度值可能会大于地物边缘的梯度值。对于这些地物，通过简单设置一个阈值很难得到正确的标记影像（Meer 等，2001；Li 等，2010）。因此将标记分水岭分割应用于高分辨率的遥感影像分割时，影像中的噪声或纹理通常会被标记为伪局部最小区域，从而导致过分割。

本节采用了类似 Li 等（2010）提出的区域自适应标记分水岭分割算法，并为了更好地抑制过分割进行了改进。首先，区域自适应标记提取算法使用阈值影像（TI）提取标记影像。令 GI 表示梯度影像，标记影像为一个二值影像，表示为 BW，则 BW 由阈值影像和梯度影像来确定，即：BW = GI < TI。图 4-15（a）表示一个一维的曲线，此曲线包含四种对象，其中对象 B 和对象 C 的灰度值变化比较明显。由图 4-15（b）中相对应的梯度曲线可以看出：B 和 C 的梯度值比较大。若只设置一个单一的阈值，将很难提取出正确的标记影像。一个较低的阈值会产生过多的标记从而造成过分割，如图 4-15（b）所示；相反，一个较高的阈值将产生过少的标记从而造成欠分割。但若使用一个估计的阈值曲线，如图 4-15（c）所示，则可以提取出正确的标记影像。

阈值影像 TI 是提取正确的标记影像的关键因素。在实际处理中，首先使用巴特沃斯低通滤波器得到梯度影像的低通分量（LCG—Low-Pass Component of the Gradient Image），这样既抑制了噪声也不会产生振铃效应（冈萨雷斯等，2002）。在 LCG 中，梯度值较大的像素一般是明显的边缘，梯度值较小的像素一般是弱边缘或者是地物的内部；高梯度值的纹理和噪声得到了显著的抑制。因此，LCG 可以用来估计阈值图像。将 LCG 与一个尺度因子 T 进行相乘（其中 T 的取值为 0 到 1 之间），其相乘结果影像特别适用于提取纹理区域的标记影像，比如图 4-15（a）中的对象 B 和 C。然而，对于均一对象，比如图 4-15（a）中的对象 A 和 D，其相乘结果影像可能得到比较低的值，从而造成过分割现象。对于这些对象，建议使用一个经验值（EST）作为阈值。对于某一特定影像，EST 被定义为其梯度影像的梯度级概率分布的某个分位数 α（其中 α 的范围是 0 到 1 之间），而 α 为梯度值低于 EST 值的像素所占整个像素的比例。因此，对于 TI 上的每一个像素，将相乘结果影像的值与 EST 值进行比较，其中较大的值被定义为 TI 最终的值。为了进一步抑制噪声，设置一个区域面积阈值 A。对于一个给定分辨率的遥感影像，A 值等于影像中最小可辨识对象的面积，即对象所占像素个数之和。为了自适应地确定 α 值，本节使用 Otsu 方法进行自

适应地估计 α 值(Otsu，1975；Sahoo 等，1988)。

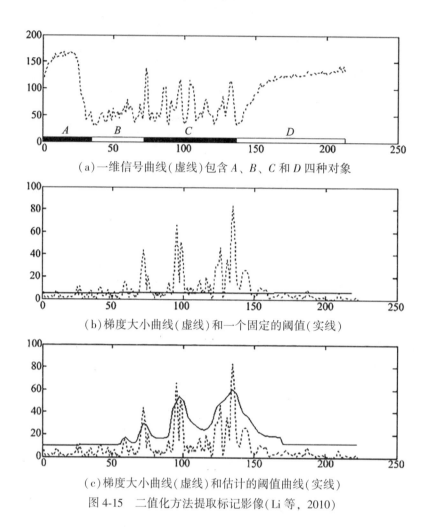

（a）一维信号曲线(虚线)包含 A、B、C 和 D 四种对象

（b）梯度大小曲线(虚线)和一个固定的阈值(实线)

（c）梯度大小曲线(虚线)和估计的阈值曲线(实线)

图 4-15　二值化方法提取标记影像(Li 等，2010)

区域自适应标记提取算法步骤总结如下：

(1)使用巴特沃斯低通滤波器在梯度影像(GI)上获低通分量(LCG)。

(2)计算梯度影像的直方图(H)。

(3)计算每个梯度级别 i 的概率函数：$P(i) = H(i)/n$。

(4)产生梯度影像(TI)：TI = max(LCG × T，EST)。

(5)得到 BW：BW = GI < TI。

(6)去掉小区域：如某区域小于 A，那么将该区域在 BW 中的值修改为 0。

4.5.2　对象的相似性度量

分割对象的相似性，是通过计算分割后左右影像对应区域的相关系数来度量的。将重叠区域的左影像分割结果映射到右影像后，左影像中的每一个分割区域在右影像中都会有一个对应区域，这样便建立了一一对应的关系。在此基础上，本节通过各分割对象在重叠区域左右影像上对应区域的归一化相关系数作为各分割对象的相似性度量，并计算左右影像各分割对象区域的差异，具体计算方法如公式(4-11)和公式(4-12)所示，其中 i 与 j 分别为影像的行和列坐标，$\rho(k)$ 为对象 k 的相关系数，$f(i,j)$ 和 $g(i,j)$ 分别为左右影像在行列号为 (i,j) 处的像素值，$\bar{f}_k$ 与 $\bar{g}_k$ 分别为左右影像中第 k 个对象中所包含 N 个像素的平均值。在实际计算中，为了提高计算效率，一般使用公式(4-13)进行计算。$\rho(k)$ 的取值范围为 $[-1,1]$，需要使用公式(4-14)将其取值范围转换到 $[0,1]$。当左右影像各分割对象区域间差异较大时，$cost(k)$ 值也较大；当差异较小时，$cost(k)$ 值也较小。

$$\rho(k) = \frac{\sum_{i,j \in \text{Object}} \left[(f(i,j) - \bar{f}_k)(g(i,j) - \bar{g}_k) \right]}{\sqrt{\sum_{i,j \in \text{Object}} (f(i,j) - \bar{f}_k)^2 \sum_{i,j \in \text{Object}} (g(i,j) - \bar{g}_k)^2}} \tag{4-11}$$

$$\bar{f}_k = \frac{1}{N} \sum_{i,j \in \text{Object}} f(i,j), \bar{g}_k = \frac{1}{N} \sum_{i,j \in \text{Object}} g(i,j) \tag{4-12}$$

$$\rho(k) = \frac{\sum_{i,j \in \text{Object}} f(i,j)g(i,j) - \frac{1}{N} \sum_{i,j \in \text{Object}} f(i,j) \sum_{i,j \in \text{Object}} g(i,j)}{\sqrt{\left[\sum_{i,j \in \text{Object}} f(i,j)^2 - \frac{1}{N} \left(\sum_{i,j \in \text{Object}} f(i,j) \right)^2 \right]\left[\sum_{i,j \in \text{Object}} g(i,j)^2 - \frac{1}{N} \left(\sum_{i,j \in \text{Object}} g(i,j) \right)^2 \right]}}$$

$$\tag{4-13}$$

$$cost(k) = [1.0 - \rho(k)]/2.0 \tag{4-14}$$

对象的相似性度量能较好地反映重叠区域影像中同名地物的投影差。如图 4-16 所示，图 4-16(a)与图 4-16(b)分别表示左右影像重叠区，其中左影像重叠区实线方框和虚线方框与右影像重叠区实线方框和虚线方框在地理坐标上是相同范围的区域；图 4-16(c)是图 4-16(a)中左影像重叠区实线方框内影像的分割结果图；图 4-16(d)是将图 4-16(c)中分割结果映射到图 4-16(b)中时，右影像重叠区实线方框内影像结果图；图 4-16(e)是图 4-16(a)中左影像重叠区虚线方框内影像的分割结果图；图 4-16(f)是将图 4-16(c)中分割结果映射到图 4-16(b)中时，右影像重叠区虚线方框内影像结果图。由于投影差的存在，当将左影像重叠区的分割结果映射到右影像重叠区时，重叠区左影像中地物的分割区域，特别是建筑物或者桥梁等地物，与右影像中对应区域所包含的地物存在不同程度的差异，如图 4-16(c)、图 4-16(d)、图 4-16(e)、图 4-16(f)中红线区域。而对于投影差较小的地物，比如草地、道路等，当将左影像重叠区的分割结果映射到右影像重叠区时，重叠区左影像中地物的分割区域与右影像中对应区域所包括的地物基本一致，如图 4-16(c)、图 4-16(d)中黄色细线所包括的草地。而当计算分割对象区域的归一化相关系数时，投影差较大的地物区域，如建筑物或者桥梁等地物区域，其归一化相关系数较大，而投影差较小的地物区域，如草地或者道路等地物区域，其归一化相关系数较小。

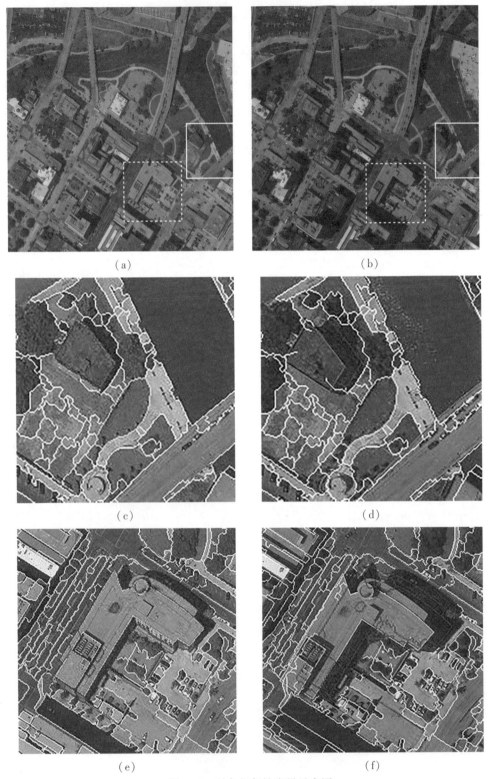

（a）　　　　　　　　　　　　　　（b）

（c）　　　　　　　　　　　　　　（d）

（e）　　　　　　　　　　　　　　（f）

图 4-16　对象相似性度量示意图

4.5.3 候选区域确定

计算了各分割对象的差异后，即可在对象层面确定接缝线的候选区域。接缝线的候选区域是由差异较小的连通区域所组成，即相似性最高的连通对象区域。由于后续基于像素级的接缝线优化只能在候选区域中选择，所以候选区域包含接缝线起止点所在的分割区域。为了将差异较大的地物排除在候选区域以外，需要保证候选区域能连通（连通是指通过邻接关系查找可以从起点找到终点）起止点的条件下，选择差异值尽可能小的分割对象区域。与4.4.1节相似，本节同样采用了基于 Bottleneck 模型的最小化最大差异限制策略。

图 4-17 是获取优先穿越区域示意图，图 4-17(a) 和图 4-17(b) 中左下角和右上角的白色圆点和黑色圆点分别表示接缝线的起止点。图 4-17(a) 是计算得到的影像重叠区域中各分割对象差异的示意图，其中 A 到 L 分别表示 12 个分割对象，每个分割对象的差异值标记在对应区域编号字母后面的括号中；其值越大，左右影像中对应分割区域范围的差异越大，图 4-17(a) 中用于表示的颜色也越深。最终确定的接缝线候选区域如右图 4-17(b) 所示，白色区域即为接缝线候选区域，黑色区域为接缝线禁止穿越区域。

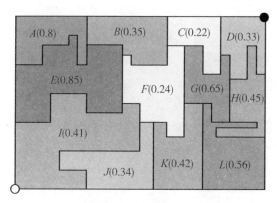
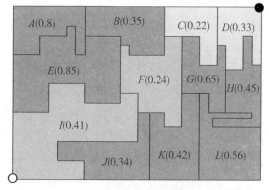

(a)对象差异示意图　　　　　(b)基于对象差异得到的优先穿越区域，即白色区域

图 4-17　获取优先穿越区域示意图(Wang 等，2016)

4.5.4 实验与讨论

本节给出了某城市郊区数据的实验情况，如图 4-18 和图 4-19 所示。该城市郊区影像的空间分辨率为 0.2m，重叠区域大小约为 2400×4800 像素。图 4-18(a) 显示的是重叠区域左影像，图 4-18(b) 显示的是重叠区域右影像，图 4-18(c) 是确定的接缝

线候选区域叠加在重叠区左影像的示意图，其中绿色区域即为确定的接缝线候选区域。

图 4-19 给出了 Dijkstra 算法、OrthoVista 4.3(INPHO GmbH 的商业软件，用于生成无缝镶嵌影像)与基于对象相似性的接缝线优化方法的效果对比情况。图 4-19(a)中的红线是 Dijkstra 算法获得的接缝线，图 4-19(b)是图 4-19(a)中矩形区域的细节图。图 4-19(c)中的黄线是 OrthoVista 获得的接缝线，图 4-19(d)是图 4-19(c)中矩形区域放大图。图 4-19(e)中的红线是基于对象相似性的接缝线优化方法确定的接缝线，图 4-19(f)是图 4-19(e)中矩形区域放大图。显然，由图 4-19 可以看出，Dijkstra 算法、OrthoVista 4.3 获得的接缝线均存在穿越建筑物的情况。通过进一步统计，Dijkstra 算法获得的接缝线穿越了 6 个建筑物，OrthoVista 4.3 获得的接缝线同样也穿越了 6 个建筑物。而基于对象相似性的接缝线优化方法确定的接缝线主要沿着道路，绕开了差异较大的区域，不存在穿越建筑物的情况。

（a）重叠区域左影像　　　　（b）重叠区域右影像　　　　（c）接缝线候选区域(绿色区域)
叠加重叠区域左影像

图 4-18　某城市郊区数据实验情况

（a）Dijkstra 算法获得的　　（b）图（a）中矩形区域　　（c）OrthoVista 获得的接　　（d）图（c）中矩形区域
　　　　接缝线（红线）　　　　　　细节图　　　　　　　　　缝线（黄线）　　　　　　　　细节图

（e）基于对象相似性的接缝线优化　　　　　　　　（f）图（e）中矩形区域
　　　方法确定的接缝线（红线）　　　　　　　　　　　细节图

图 4-19　确定的接缝线对比

4.6　基于地物类别的接缝线优化

理想情况下，如果能完全识别地物的类别，将有助于提升接缝线确定的效果。例如，可以容易地基于识别的地物类别来确定一些优选区域或障碍区域。虽然完全识别影像中的各种地物类别是一项非常困难的任务，但如果能将建筑物完全或部分识别，仍然会对接缝线的确定产生积极作用。建筑物通常是最受关注的对象，特别是城市区域的航空影像。如果接缝线不穿越建筑物，就可以避免镶嵌时在建筑物区域的不连续现象，镶嵌影像的质量也会显著提高。基于这种考虑，本节提出了一种基于地物类别的接缝线优化方法。

基于不同技术概念的机载数字照相机已被广泛用于摄影测图，其中许多相机可以采集近红外波段的数据。借助近红外波段，建筑物或植被的识别更加可靠。因此，该方法利用归一化植被指数（NDVI）和形态学建筑物指数（MBI），将相邻图像重叠部分的地物分为三类，即建筑物、植被和其他类别。其他类别包括裸地、水域、道路、桥梁、立交桥、其他人造物体等。根据这些类别，进一步形成三种类型的区域，即障碍物区域、优选区域和一般区域。然后，为每个类型的区域分配不同的权重以优化得到的像素差异。考虑到建筑物通常更受关注，在建筑物区域也经常发生投影差异，因此障碍区域主要包括建筑物，属于障碍区域的像素被分配较大的权重以防止接缝线穿越。植被通常是城市地区航空影像中较少关注的对象，因此优选区域包含植被，属于优选区域的像素被分配较小的权重。属于一般区域的像素被分配适中的权重。最后，基于重叠区域优化后的像素差异，通过限制最大代价和差分代价，搜索从起点到终点的最短路径作为最终优化后的接缝线。下面重点阐述建筑物提取以及像素差异优化。

4.6.1　建筑物提取

建筑物的提取分别在重叠区域的左影像和右影像中的非植被区域进行。形态学建筑物指数是近年来在高分辨率卫星图像中自动提取建筑物的一种方法。使用形态学建筑物指数提取建筑物主要包括以下步骤（Huang 等，2011；Huang 等，2012）：

（1）将像素 x 多光谱各波段中的最大值记录为亮度值：

$$B(x) = \max_{1 \leqslant k \leqslant K} (b_k(x)) \tag{4-15}$$

其中 $b_k(x)$ 表示在第 k 个波段像素 x 的值，K 是波段的数量。

（2）进行包含开运算和 top-hat 滤波器的 white top-hat 重建：

$$W(d, s) = B - \gamma(d, s) \tag{4-16}$$

其中 $\gamma(d, s)$ 表示亮度影像基于开运算的重建，s 和 d 分别表示显示了线性结构元素（SE）的长度和方向。

（3）white top-hat 的形态学剖面（Morphological Profiles）定义为：

$$\begin{cases} M(d, s) = W(d, s) \\ M(d, 0) = B \end{cases} \tag{4-17}$$

（4）white top-hat 运算的差分形态学剖面（Differential Morphological Profiles，DMP）定义为：

$$DMP(d, s) = |M(d, (s + \Delta s)) - M(d, s)| \qquad (4\text{-}18)$$

其中 Δs 是剖面和 $s_{min} \leqslant s \leqslant s_{max}$ 之间的间隔（s_{min} 和 s_{max} 分别是 SE 的最小和最大尺寸）。

（5）形态学建筑物指数定义为 white top-hat 运算的差分形态学剖面均值：

$$MBI = \frac{\sum_{d, s} DMP(d, s)}{D \times S} \qquad (4\text{-}19)$$

其中 D 和 S 分别表示剖面方向数和尺度。SE 的大小（s_{min}，s_{max} 和 Δs）应根据建筑物的空间特性和空间分辨率来确定，$S = ((s_{max} - s_{min})/\Delta s) + 1$。

（6）满足以下条件的结构被识别为建筑物：

（a）$MBI \geqslant T_B$；（b）$AREA \geqslant t_1$；（c）$RATIO \geqslant t_2$；（d）$RECT \geqslant t_3$。

其中 MBI，AREA，RATIO 和 RECT 分别表示建筑物指数、面积、长宽比和矩形度。T_B，t_1，t_2 和 t_3 是相应的阈值。面积用于去除小的噪声，长宽比可有效抑制明亮细长的道路，矩形度用于精化提取的建筑物。估计矩形度的标准方法是使用区域面积与其最小边界矩形面积之比（Rosin，1999）。

4.6.2　基于地物类别的差异优化

基于地物类别的差异优化是在已经提取的建筑物、植被等区域的约束下进行差异优化，主要思想是通过不同类型区域不同权重的约束，使接缝线倾向于穿越一些地物，避免穿越另一些地物。由于植被和建筑物都分别在左、右重叠区域影像中提取，因此同一类别在左、右影像中的提取的区域通常不完全一致。设 V_L 和 V_R 分别表示在重叠区域左影像、右影像中提取的植被区域，设 B_L 和 B_R 分别表示在重叠区域左影像、右影像中提取的建筑物区域。则障碍区域 OR 和优选区域 PR 定义为：

$$\begin{aligned}PR &= V_L \cap V_R \\ OR &= B_L \cup B_R\end{aligned} \qquad (4\text{-}20)$$

而一般区域 GR 是不属于优选区域和障碍区域的区域。这样，重叠区的像素差异可以优化为：

$$I'_{mn}(i, j) = \begin{cases} w_1 \times I_{mn}(i, j) & \text{if}(i, j) \in PR \\ w_2 \times I_{mn}(i, j) & \text{if}(i, j) \in OR \\ I_{mn}(i, j) & \text{if}(i, j) \in GR \end{cases} \qquad (4\text{-}21)$$

其中 w_1 和 w_2 分别是 PR 和 OR 的权重。w_1 设置为小于1.0且大于0的值，以使接缝线倾向于穿越优选区域，w_2 设置为远大于1.0的值，以防止接缝线穿越障碍区域。这样通过给不同区域赋以不同的权重，可作为约束条件指导接缝线的像素级优化。在此基础上进行像素级优化后，就可以获得最终优化后的接缝线。

4.6.3　实验和讨论

图 4-20 给出了一个包含近红外波段的航空影像的处理实例，影像地面分辨率为

0.3m，图像大小约为 2600×2700 像素。实验使用英特尔内核 i7-6500 CPU 的联想 Thinkpad X260 便携式计算机，CPU 主频为 2.5GHz。在实验中，提取植被和建筑物的参数主要参照 Huang 等(2012)。NDVI 的阈值为 0.15，$T_B = 3$，$t_1 = 50$，$t_2 = 5.0$，$t_3 = 0.3$。

　　图 4-20(a)显示了原始左、右影像按坐标排列显示的效果，虚线矩形框表示重叠区域。图 4-20(b)显示了基于地物类别的接缝线优化方法获得的障碍区域(红色区域)、优选区域(绿色区域)和一般区域(蓝色区域)。图 4-20(c)分别比较了 Dijkstra 算法、OrthoVista 4.3(INPHO GmbH 的商业软件，用于生成无缝镶嵌影像)和基于地物类别的接缝线优化方法确定的接缝线。绿线是由 Dijkstra 算法确定的接缝线，黄线是由 OrthoVista 4.3 确定的接缝线，红线是由基于地物类别的接缝线优化方法确定的接缝线。图 4-20(d)~(f)进一步显示了图 4-20(c)中的标记区域 1、2 和 3 的细节。显然，绿线和黄线都穿越了一些建筑物，这在图 4-20(d)~(f)中可以更清楚地看到。绿线穿越了图 4-20(d)中的 2 座建筑物。黄线穿越了图 4-20(d)中的 1 座建筑物，图 4-20(e)中的 2 座建筑物和图 4-20(f)中的 1 座建筑物。红线则成功避免了穿越建筑物。表 4-4 显示了这三种方法的定量比较情况。如表 4-4 所示，Dijkstra 算法获得的接缝线穿越了 2 个建筑物，OrthoVista 4.3 获得的接缝线穿越了 12 个建筑物。显然如果镶嵌时采用这样的接缝线，将不可避免地在镶嵌影像中形成错位等不连续现象。当然这两种方法耗时都很短。相比之下，基于地物类别的接缝线优化方法获得了最好的处理效果，没有出现穿越建筑物的情况，但耗时显著增加。

（a）左影像和右影像　　　　　　　　（b）重叠区域形成的障碍区域(红色区域)、
　　　　　　　　　　　　　　　　　　　　　优选区域(绿色区域)和一般区域
　　　　　　　　　　　　　　　　　　　　　(蓝色区域)

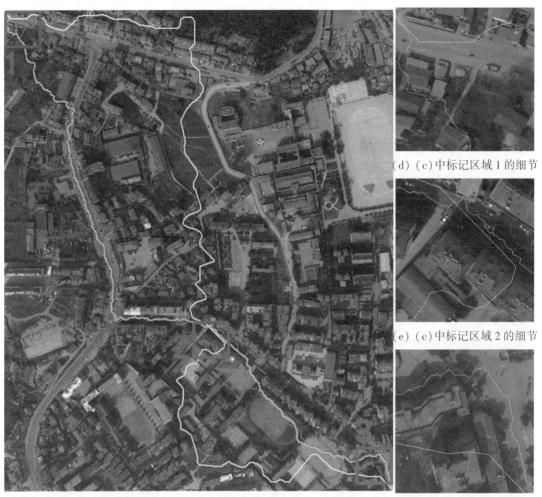

（d）（c）中标记区域 1 的细节

（e）（c）中标记区域 2 的细节

（c）Dijkstra 算法（绿线）、OrthoVista 4.3（黄线）和基于地物
　类别的接缝线优化方法（红线）确定的接缝线对比

（f）（c）中标记区域 3 的细节

图 4-20　包含近红外波段的航空影像处理实例

表 4-4　　　　　　　已有方法与基于地物类别的接缝线优化方法定量对比

方法	通过的建筑物数量	处理时间（s）
Dijkstra 算法	2	5.58
OrthoVista 4.3	12	2.91
基于地物类别的接缝线优化方法	0	101.74

目前还没有解决方案来自动选择建筑物提取参数。在实践中的做法是选择某些典型的影像，并测试哪些参数会产生合适的建筑物提取结果。然后，将所选参数应用于其他图像。此外，地物类别识别或提取的准确性将影响最终接缝线的优化效果。其中，提取的建

筑物区域是最主要的约束。是否能够准确提取建筑物对接缝线优化的性能有重要影响。如果在建筑物提取时存在遗漏的建筑物未被提取，则接缝线可能会穿越这些遗漏的建筑物，因为这些建筑物不会被分配更大的权重以阻止接缝线穿越。如果提取建筑物时存在提取错误区域，即将非建筑物区域提取为建筑物，则影响可能较小。在这种情况下，一部分非建筑物区域会被作为障碍区域，接缝线的候选区域会减小，但并不会导致接缝线穿越建筑物。

当然，本节提出的基于地物类别的接缝线优化方法仅仅使用了基本的建筑物指数来提取建筑物。将建筑物指数与形态学阴影指数相结合，会进一步改善建筑物检测的准确性。而且，地物也可以分为更多的类别。例如，如果能进一步准确提取道路和裸地，结果可能会进一步改善。另外，在本节中，建筑物被认为是比植被更受关注的对象。在其他应用中，植被或其他物体可能是更受关注的对象，那么，我们可以改变障碍区域、优选区域和一般区域的定义以及相应的权重。例如，在更关心水域的应用中，可以使用归一化水指数来提取水域，并将其作为具有较大权重的障碍区域。

4.7　本章小结

本章接缝线网络优化采用了分步优化的策略，即接缝线网络中的顶点与接缝线进行分步优化，首先进行顶点优化，然后再进行接缝线的优化。顶点就是接缝线网络中多条接缝线的交点。优化的过程是基于影像重叠区域的差异进行的，并采用一定的搜索策略来实现。

目前已有的优化方法多属于像素级方法，采用的是像素级差异测度，缺少对地物目标区域差异的描述，因此难以确保接缝线避免穿越建筑物等明显地物目标。本章为了确保使接缝线尽可能避免穿越建筑物等明显地物目标，保持地物目标的完整性，提出了对象级的接缝线网络优化方法。对象级优化思想是基于影像分割、地物提取识别等技术获得关于地物目标的区域对象信息，然后通过一定的规则计算对象级的差异，进而以对象为单元进行优化，确定接缝线的优选区域或候选区域。获得接缝线的优选区域或候选区域后，就可以在其约束下，进行像素级的优化，获得最终优化后的接缝线。这种对象级的优化思想充分顾及了地物目标的区域信息，优化过程同时结合了对象级优化和像素级优化，因此相比单纯的像素优化方法，可更好地保持地物目标的完整性，提高镶嵌影像质量。该类方法的关键在于获得合适的、稳定的分割结果或识别结果。具体而言，本章首次将影像分割引入到了接缝线的优化中，基于分割对象的跨度、分割对象的区域变化率以及分割对象的相似性等多个角度提出了优化方法；还将地物提取识别技术用于接缝线的优化中用于提取识别不同的地物类别，提出了基于地物类别的接缝线优化方法。

第五章　匀色与镶嵌应用

5.1　在遥感数据处理软件 ENVI 中的应用

本书研究的基于顾及重叠的面 Voronoi 图的接缝线网络生成及镶嵌方法被国际著名的商业遥感软件 ENVI 采用，成为该软件影像镶嵌的标准处理方法，在国际上得到了广泛应用。图 5-1 是 ENVI 在线帮助中采用本书研究的镶嵌方法的引用及描述。

ENVI uses an automated geometry-based method to generate seamlines (Pan et al., 2009). This method uses seamline networks formed by area Voronoi diagrams with overlap. The Voronoi edge lies in the overlapping part between adjacent areas. Auto seamline generation creates *effective mosaic polygons* that define the pixels of each input image used for the final mosaic.

Reference: Pan, J., M. Wang, D. Li, and J. Li. "Automatic Generation of Seamline Network Using the Area Voronoi Diagram with Overlap." *IEEE Transactions on Geoscience and Remote Sensing* 47, No. 6 (2009): 1737-174.

Follow these steps to create seamlines:

1. Set any data ignore values before editing seamlines.

2. Click the **Seamlines** drop-down list and select **Auto Generate Seamlines**. When processing is complete, the boundaries of the effective mosaic polygons are displayed in green. The following diagram shows a simple example with two images.

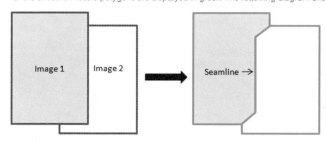

When you have more than two scenes, a seamline is generated for each pair of overlapping images:

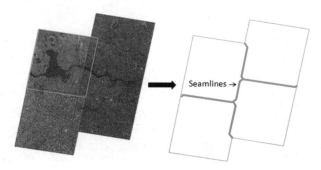

The automatically generated seamline provides a starting point for further editing. For best results, you should edit the seamline so that it follows a natural feature such as a road or river. You are not creating a new seamline; instead, you are editing the existing seamline to avoid areas with defects, clouds, etc.

图 5-1　ENVI 采用本书研究的镶嵌方法进行镶嵌处理(ENVI, 2018)

5.2 在国家重大工程中的应用

5.2.1 在国产卫星数据预处理中的应用

2006 年我国政府就将高分辨率对地观测系统重大专项(简称高分专项)列入《国家中长期科学与技术发展规划纲要(2006—2020 年)》,促进了我国遥感卫星的跨越式发展。特别是近 10 年,我国遥感卫星发展迅速,陆续发射了资源一号、资源三号、高分一号、高分二号、高分六号等高分辨率遥感卫星,甚至还发射了高景一号等商业遥感卫星。本书部分匀色镶嵌的算法也成功应用于我国高分光学卫星影像处理系统中,用于光学卫星的视场拼接、相机拼接等处理。为了增加高分辨率光学卫星的视场覆盖范围,我国多数光学卫星均采用了多条 CCD 搭接设计,或双相机甚至是多相机设计,因此在接收卫星下传数据后,需要进行多 CCD 视场拼接或者双相机、多相机拼接处理。图 5-2 是资源一号 02C 视场拼接处理的实例,处理前如图 5-2(a)所示,即资源一号 02C 下传的原始影像数据。由图中可以看出,资源一号 02C 的原始影像数据包含 3 条 CCD 影像,各 CCD 影像内容存在一定的错位,不同 CCD 间也存在一定的辐射差异。视场拼接处理结果如图 5-2(b)所示,处理后得到了完整视场的影像,错位以及 CCD 间的辐射差异都被消除了。

(a) 处理前　　　　　　　　(b) 处理结果

图 5-2　资源一号 02C 视场拼接处理实例

5.2.2 在西部测图工程中的应用

国家西部测图工程是一项重大的国家测绘专项工程，是由国家测绘地理信息局组织实施的我国西部 1∶50000 比例尺地形图空白区测图工程。该空白区范围涉及新疆、西藏、青海、甘肃、四川、云南六省区，占我国陆地国土面积的 21%。1∶50000 地形图的空缺已严重制约了西部大开发的进程，也严重影响着国家可持续发展和以信息化带动工业化战略的实施。而正射影像产品则是建立基础地理信息数据库、制作地形图的基础，因此首要任务是生成 1∶50000 的正射影像产品。本书研究的匀光镶嵌方法在西部 1∶50000 地形图空白区测图工程中，被成功用于正射影像产品制作过程中的匀色镶嵌处理两个关键环节，很好地解决了影像的色彩差异问题及镶嵌的效率问题。在西部地区正射影像产品生成过程中，匀光镶嵌处理主要涉及以下几个方面的困难：

（1）多数据源多时相的影像数据。用到的数据源有航空影像、卫星影像，且影像获取时间间隔较长，涉及不同时相的数据。

（2）地物类型特殊。西部地区由于气候、环境等因素的影响，地形、地貌等非常特殊，所获取的影像中存在较多的云、雪、冰川、盐湖、沙漠等多种特殊地物类型。

（3）多单位协作。正射影像产品的制作由陕西、黑龙江、四川、重庆、甘肃、新疆、青海 7 个省市的测绘局测绘院共同完成，由于不同单位处理标准存在差异，最后各单位提交的成果在色彩上仍然存在明显差异。

（4）数据量大。由于所涉及区域范围极广，所要处理的数据量很大。

图 5-3 显示了西部测图工程中的一个应用实例，该区域影像存在较多的盐湖、雪、冰川等特殊地物。图 5-3(a) 显示的是 2 个单位提交的正射影像产品，由于各单位之间的处理标准存在差异，最后提交成果仍然存在明显的色彩差异；图 5-3(b) 显示了本书方法的处理结果，显然本书的方法很好地消除了各单位正射影像产品存在的色彩差异，对特殊地物也有很好的适应性，保持了同种地物的色彩一致性。又由于本书镶嵌方法在效率上的优越性以及匀光镶嵌裁切的有机结合，在实际应用中明显减少了西部测图项目在正射影像产品制作过程中的人工工作量，提高了生产效率。

5.2.3 在线路选线中的应用

本书研究的匀光镶嵌方法结合可量测三维无缝立体技术，可用于铁路、公路、电力线等线路的设计选线工作。匀光镶嵌方法主要用于无缝立体正射影像的制作，实现大区域三维立体模型的无缝镶嵌。在完成无缝立体正射影像制作后，即可精确地重现地表的三维场景，勘测、设计人员戴上立体眼镜就可以对地表进行精确的三维测量，开展线路的设计选线工作。与传统方式相比，勘测、设计人员不再需要到野外实地勘测测量，显著提升了线路设计质量和效率，节约了大量野外勘测费用。

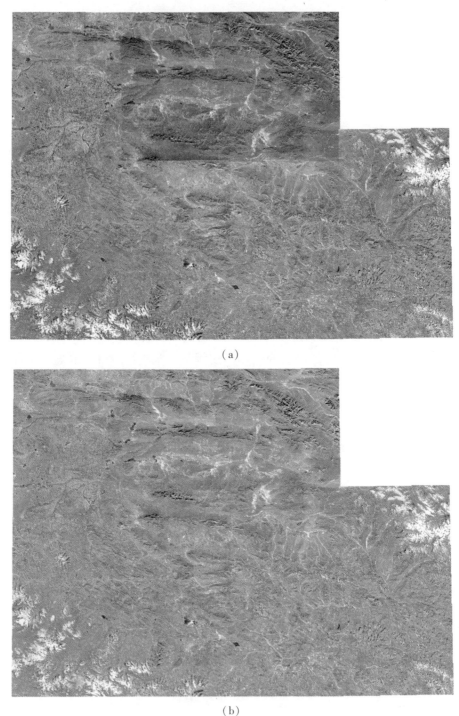

(a)

(b)

图 5-3　西部测图工程中的应用实例

　　图 5-4 显示了无缝立体正射影像制作的一个例子，图 5-4(a)显示了在制作无缝正射影像立体模型过程中，采用本文的方法形成的每个像对的有效镶嵌多边形，图 5-4(b)显示

了无缝正射影像立体模型的制作结果，是通过红/绿互补色的方式表现的结果，此时通过立体眼镜可直接观察立体模型。在对立体模型进行立体观察时，可以很逼真地看到各种地物地貌，并且可以进行无缝立体漫游，通过立体测标可以对感兴趣的地物和地貌进行精确三维量测。

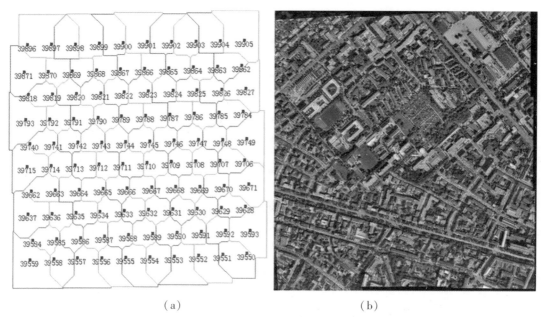

（a）   （b）

图 5-4   无缝立体正射影像的制作

5.3 GeoDodging 软件

本书研究的匀光镶嵌方法在武汉武大吉奥信息工程有限公司的支持下，成功商业化为影像匀光镶嵌软件 GeoDodging，在产业化的过程中获得了国家科技部中小企业创新基金的支持，并于 2006 年通过了国家科技部软件测评获得推荐，目前，该软件已经在国内得到了广泛的应用，并且在武大吉奥的国际数据加工项目中也得到了很好应用。2013 年该软件被认定为测绘地理信息创新产品。影像匀色镶嵌软件 GeoDodging 是一个专门进行影像匀色、镶嵌、裁切一体化处理的工具软件，它主要完成正射影像产品生成过程中的匀色和镶嵌处理两个环节。软件针对航空和卫星影像提供了自动匀光、接边改正、镶嵌以及裁切的整体解决方案，可以处理海量的影像数据，整个处理过程都可以实时预览，方便用户进行实时交互和参数的选择。

GeoDodging 软件中匀光镶嵌裁切流程如图 5-5 所示。软件将匀光、镶嵌、裁切有机地结合了起来，实现了一体化的处理，避免了生产中不必要的中间环节，可由经过几何纠正的正射影像直接获得经过色彩一致性处理以及镶嵌裁切处理的正射影像产品。图 5-6(a)显示了 1 个小测区，3 个航带，9 幅正射影像进行匀光处理的预览情况，图 5-6(b) 显示了局部区域镶嵌预览的情况。

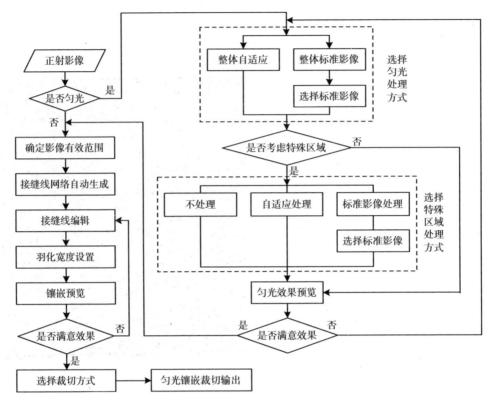

图 5-5 GeoDodging 匀光镶嵌裁切流程图

本书的匀色镶嵌方法除了可用于航空影像的匀色镶嵌处理之外,还可用于卫星影像的匀色镶嵌处理。图 5-7 给出了覆盖湖北省的高分 1 号 16m 分辨率多光谱影像的镶嵌实验。图 5-7(a)是正射纠正后的高分 1 号影像数据按坐标排列的示意图,显示波段为近红外、红、绿波段。显然镶嵌处理前不同景影像数据由于获取时间差异、成像角度差异以及其他内外部因素的影响,不同景影像之间存在明显的辐射差异,不同轨的影像间的辐射差异更为明显。图 5-7(b)是根据各景影像的有效范围,基于顾及重叠的面 Voronoi 图生成的接缝线网络的示意图。图中的每一个多边形表示一个有效镶嵌多边形,即 Voronoi 多边形,所有 Voronoi 多边形构成了整个 Voronoi 图,相邻 Voronoi 多边形的公共边就是一段接缝线,所有接缝线以及接缝线与 Voronoi 多边形之间的拓扑关系就构成了接缝线网络。由于生成的接缝线网络是从几何意义上对整个镶嵌范围进行的划分,就每一段接缝线而言,它们没有考虑到影像的内容,并不是最优的接缝线,从图中也可以看出接缝线基本都是由直线段构成,因而如果直接基于这样的接缝线进行影像镶嵌,当其穿越色差较大区域时,影像间的辐射差异不一定能够很好地消除。图 5-7(c)是基于影像间重叠区域的像素值进行优化后的接缝线网络,优化过程是基于计算的重叠区域像素差异进行的,使得接缝线尽量沿着差异较小区域,这样有助于提高影像镶嵌质量,就可以采用优化后的接缝线网络对图

5-7(a)所示的高分1号多光谱影像数据进行基于接缝线网络的影像镶嵌，在镶嵌处理的同时进行整体匀色处理以消除影像间的辐射差异，最终得到的镶嵌结果如图 5-7(d)所示，显示波段为近红外、红、绿波段。从图 5-7(d)可以看出，经过镶嵌处理后，不同景影像之间存在的明显辐射差异已被消除。

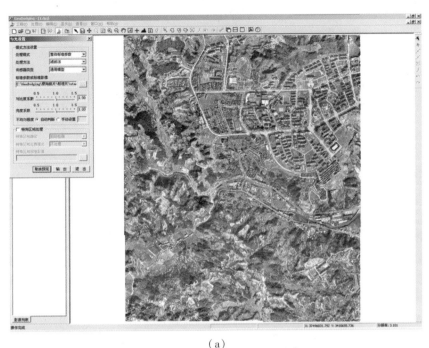

(a)

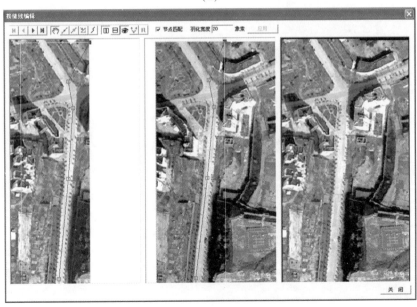

(b)

图 5-6　GeoDodging 应用实例

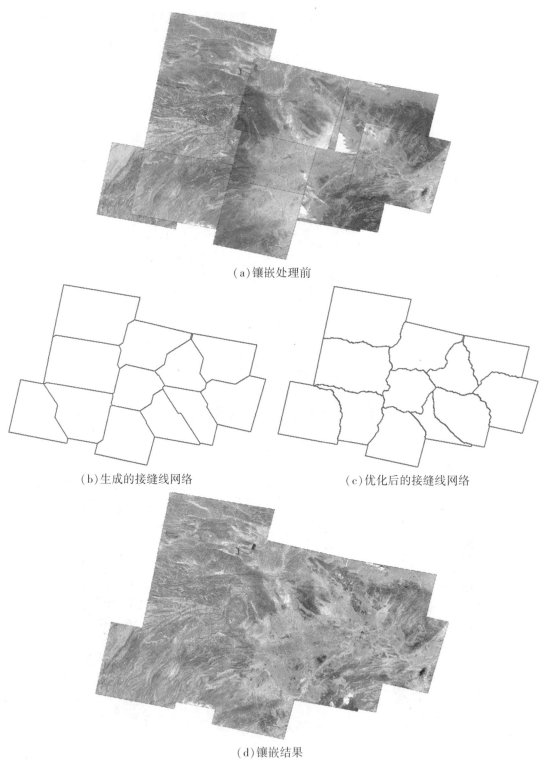

（a）镶嵌处理前

（b）生成的接缝线网络　　　　　　　　　（c）优化后的接缝线网络

（d）镶嵌结果

图 5-7　高分 1 号卫星影像镶嵌实验

参 考 文 献

[1]曹彬才,朱宝山,李润生,等.用于单幅影像匀光的 Wallis 算法[J].测绘科学技术学报,2012,29(5):373-377.

[2]陈继溢.正射影像镶嵌线快速检测方法研究[D].北京:中国测绘科学研究院,2015.

[3]陈军.Voronoi 动态空间数据模型[M].北京:测绘出版社,2002.

[4]冈萨雷斯.数字图像处理[M].2 版.北京:电子工业出版社,2002.

[5]谷口庆治.数字图像处理(基础篇)[M].朱虹,廖学成,乐静,译.北京:科学出版社,2001.

[6]韩宇韬.数字正射影像镶嵌中色彩一致性处理的若干问题研究[D].武汉:武汉大学,2014.

[7]韩天庆.结合 SURF 和分水岭分割的遥感影像镶嵌线提取[D].北京:中国矿业大学,2014.

[8]胡庆武,李清泉.基于 Mask 原理的遥感影像恢复技术研究[J].武汉大学学报(信息科学版),2004,29(4):319-323.

[9]黄慧萍.面向对象影像分析中的尺度问题研究[M].北京:中国科学院遥感应用研究所,2003.

[10]蒋红成.多幅遥感图像自动裁剪镶嵌与色彩均衡研究[D].北京:中国科学院遥感应用研究所,2004.

[11]李慧芳,沈焕锋,张良培,等.一种基于变分 Retinex 的遥感影像不均匀性校正方法[J].测绘学报,2010,39(6):585-591.

[12]李军,林宗坚.基于二进小波变换的遥感影像镶嵌方法[J].武汉测绘科技大学学报,1995(4):305-309.

[13]李治江.彩色影像色调重建的理论与实践[D].武汉:武汉大学,2005.

[14]李德仁,王密,潘俊,胡芬.无缝立体正射影像数据库的概念、原理及其实现[J].武汉大学学报(信息科学版),2007,32(11):950-954.

[15]李德仁,王密,潘俊.光学遥感影像的自动匀光处理与应用[J].武汉大学学报(信息科学版),2006,31(9):753-756.

[16]李德仁,王密.一种基于航空影像的高精度可量测无缝正射影像立体模型生成方法及应用[J].铁道勘察,2004,1:1-6.

[17]李德仁,关泽群.空间信息系统的集成与实现[M].武汉:武汉大学出版社,2000.

[18]李烁.遥感影像变分 Mask 自适应匀光算法[J].遥感学报,2018(3):450-457.

[19]利尔桑德(Lillesand T M).遥感与图像解译[M].第四版.彭望璟,等,译.北京:电

子工业出版社，2003.

[20]刘金义，刘爽．Voronoi 图应用综述[J]．工程图学学报，2004，22(2)：125-132.

[21]潘俊．立体正射影像无缝镶嵌技术研究[D]．武汉：武汉大学，2005.

[22]潘俊，王密，李琪．基于扫描线填充的快速镶嵌算法[J]．测绘地理信息，2006，31 (5)：8-9.

[23]沈小乐，邵振峰，闫贝贝．一种薄云影响下的遥感影像匀光算法[J]．武汉大学学报 (信息科学版)，2013，38(5)：543-547.

[24]史宁．基于 Mask 方法的无人机航拍影像匀光处理[D]．长春：吉林大学，2013.

[25]孙文，尤红建，傅兴玉，等．基于非线性 MASK 的遥感影像匀光算法[J]．测绘科学，2014，39(9)：130-134.

[26]孙家抦，等．遥感原理与应用[M]．武汉：武汉大学出版社，2003.

[27]孙明伟．正射影像全自动快速制作关键技术研究[D]．武汉：武汉大学，2009.

[28]万晓霞，易尧华．全彩色遥感影像彩色合成效应的研究[J]．武汉大学学报(信息科学版)，2002，27(2)：203-206.

[29]王密，潘俊．面向无缝影像数据库应用的一种新的光学遥感影像的色彩平衡方法[J]．国土资源遥感，2006，70(4)：10-13.

[30]王密，潘俊．一种数字航空影像的匀光方法[J]．中国图象图形学报，2004，9(6)：744-748.

[31]王润生．图像理解[M]．长沙：国防科技大学出版社，1995.

[32]王智均，李德仁，李清泉．Wallis 变换在小波影像融合中的应用[J]．武汉测绘科技大学学报，2000，25(4)：338-342.

[33]吴炜，骆剑承，李均力，等．面向遥感影像镶嵌的 SVR 色彩一致性处理[J]．中国图象图形学报，2012，17(12)：1561-1567.

[34]徐胜华．面向立体影像特征匹配的直线提取方法[D]．武汉：武汉大学，2007.

[35]姚芳，万幼川，胡晗．基于 Mask 原理的改进匀光算法研究[J]．遥感信息，2013，28 (3)：8-13.

[36]杨文久，刘心季．不同时相遥感图像的镶嵌技术[J]．国土资源遥感，1994，2(20)：46-51.

[37]易磊．遥感影像色彩一致性处理技术研究[D]．郑州：解放军信息工程大学，2015.

[38]易尧华，龚健雅，秦前清．大型影像数据库中的色调调整方法[J]．武汉大学学报(信息科学版)，2003，28(3)：311-314.

[39]岳贵杰，杜黎明，刘凤德，项琳，张刚，李健．A* 搜索算法的正射影像镶嵌线自动提取[J]．测绘科学，2015，40(4)：151-154.

[40]余晓敏，邹勤．多时相遥感影像辐射归一化方法综述[J]．测绘与空间地理信息，2012，35(6)：8-12.

[41]袁修孝，钟灿．一种改进的正射影像镶嵌线最小化最大搜索算法[J]．测绘学报，2012，41(2)：199-204.

[42]袁修孝，韩宇韬，方毅．改进的航摄影像 Mask 匀光算法[J]．遥感学报，2014，18

（3）：630-641.

[43]袁修孝，段梦梦，曹金山．正射影像镶嵌线自动搜索的视差图算法[J].测绘学报，2015(8)：877-883.

[44]袁胜古，王密，潘俊，胡芬，李东阳．航空影像接缝线的分水岭分割优化方法[J].测绘学报，2015(10)：1108-1116.

[45]巫兆聪，胡忠文，欧阳群东．一种区域自适应的遥感影像分水岭分割算法[J].武汉大学学报(信息科学版)，2011，36(3)：293-296.

[46]张剑清，孙明伟，张祖勋．基于蚁群算法的正射影像镶嵌线自动选择[J].武汉大学学报(信息科学版)，2009，34(6)：675-678.

[47]张振，朱宝山，朱述龙，等．小波变换改进的MASK匀光算法[J].遥感学报，2009，13(6)：1074-1081.

[48]张振．光学遥感影像匀光算法研究[D].郑州：解放军信息工程大学，2010.

[49]周丽雅，秦志远，尚炜，等．反差一致性保持的影像匀光算法[J].测绘科学技术学报，2011，28(1)：46-49.

[50]朱述龙，张占睦．遥感图像获取与分析[M].北京：科学出版社，2000.

[51]朱述龙，钱曾波．遥感影像镶嵌时拼接缝的消除方法[J].遥感学报，2002，6(3)：183-187.

[52]左志权，张祖勋，张剑清，曹辉．DSM辅助下城区大比例尺正射影像镶嵌线智能检测[J].测绘学报，2011，40(1)：84-89.

[53]Adams R, Bischof L. Seeded region growing[J]. IEEE Transactions on Pattern Analysis & Machine Intelligence, 1994, 16(6)：641-647.

[54]Afek Y, Brand A. Mosaicing of orthorectified aerial image[J]. Photogrammetric Engineering & Remote Sensing, 1998, 64(2)：115-125.

[55]Alliez P, de Verdière E C, Devillers O, Isenburgm M. Centroidal Voronoi diagrams for isotropic surface remeshing[J]. Graphical Models, 2005, 67：204-231.

[56]Asano T, Katoh N, Tamaki H, Tokuyama T. Angular Voronoi diagram with applications[C]. International Symposium on Voronoi Diagram in Science and Engineering, Banff, Alberta, Canada, 2006：32-39.

[57]Aurenhammer F. Voronoi diagrams—a survey of a fundamental data structure[J]. ACM Computing Surveys, 1991, 23：345-405.

[58]Aurenhammer F, Klein R. Voronoi diagrams[M]. In：Sack J., Urrutia J., editors. in Handbook of Computational Geometry, Elsevier, Amsterdam, 2000：201-290.

[59]Brown M, Lowe D G. Automatic panoramic image stitching using invariant features[J]. Int. J. Comput. Vis. 2007, 74：59-73.

[60]Burt P J, Adelson E H. A multiresolution spline with application to image mosaics[M]. ACM Transactions on Graphics, 1983, 2(4)：217-236.

[61]Canty M J, Nielsen A A. Automatic radiometric normalization of multitemporal satellite imagery with the iteratively re-weighted MAD transformation[J]. Remote Sensing of

Environment, 2008, 112(3): 1025-1036.

[62] Canty M J, Nielsen A A, Schmidt M. Automatic radiometric normalization of multitemporal satellite imagery[J]. Remote Sensing of Environment, 2004, 91(3-4), 441-451.

[63] Chandelier L, Martinoty G. Radiometric aerial triangulation for the equalization of digital aerial images and orthoimages [J]. Photogrammetric Engineering and Remote Sensing, 2009, 75(2): 133-146.

[64] Chen J, Zhao R L, Li Z L. Voronoi-based k-order neighbour relations for spatial analysis [J]. ISPRS Journal of Photogrammetry and Remote Sensing, 2004, 59: 60-72.

[65] Chen Q, Sun M, Hu X, Zhang Z. Automatic seamline network generation for urban orthophoto mosaicking with the use of a digital surface model[J]. Remote Sensing, 2014, 6 (12): 12334-12359.

[66] Cheng Y. Mean shift, mode seeking, and clustering[J]. IEEE Trans. Pattern Anal. Mach. Intell, 1995, 17: 790-799.

[67] Chon J, Kim H, Lin C S. Seam-line determination for image mosaicking: a technique minimizing the maximum local mismatch and the global cost [J]. ISPRS Journal of Photogrammetry and Remote Sensing, 2010, 65(1): 86-92.

[68] Christoudias C, Georgescu B, Meer P. Synergism in low-level vision[C]. In Proceedings of the 16th International Conference on Pattern Recognition, Quebec City, QC, Canada, 11-15 August, 2002: 150-155.

[69] Comaniciu D, Meer P. Robust analysis of feature spaces: colour image segmentation[C]. In Proceedings of the 1997 IEEE Computer Society Conference on Computer Vision and Pattern Recognition, San Juan, Puerto Rico, 17-19 June, 1997: 750-755.

[70] Comaniciu D, Meer P. Mean shift: A robust approach toward feature space analysis[J]. IEEE Trans. Pattern Anal. Mach. Intell. 2002, 24: 603-619.

[71] Diener S, M Kiefner, C Dörstel. Radiometric normalisation and colour composite generation of the DMC[C]. International Archives of Photogrammetry and Remote Sensing, 13-16 July, 2000, Amsterdam, Vol. 33, Part B1: 82-88.

[72] Dong Q, Liu J. Seamline determination based on PKGC segmentation for remote sensing image mosaicking[J]. Sensors, 2017, 17(8): 1721.

[73] Dörstel C, Zeitler W. Geometric calibration of the DMC: method and results[J]. IAPRS, 2002, 34(1): 324-333.

[74] Dörstel C, Jacobsen K, Stallmann D. DMC — Photogrammetric accuracy — Calibration aspects and generation of synthetic DMC images[J]. In: Grün A and Kahmen H, eds. Optical 3-D Measurement Techniques VI, Vol. I, Institute for Geodesy and Photogrammetry, ETH Zürich, 2003: 74-82.

[75] Du Y, Cihlar J, Beaubien J, Latifovic R. Radiometric normalization, compositing, and quality control for satellite high resolution image mosaics over large areas [J]. IEEE Transactions On Geoscience and Remote Sensing, 2001, 39(3): 623-634.

[76] Du P, Tan K, Xing X. A novel binary tree support vector machine for hyperspectral remote sensing image classification[J]. Optics Communications, 2012, 285: 3054-3060.

[77] ENVI[EB/OL]. [2018-08-21]. URL: http://www.harrisgeospatial.com/docs/MosaicSeamless.html.

[78] Fernández E, Garfinkel R, Arbiol R. Mosaicking of aerial photographic maps via seams defined by bottleneck shortest paths[J]. Operations Research, 1998, 46(3): 293-304.

[79] Fernández E, Martí R. GRASP for seam drawing in mosaicking of aerial photographic maps [J]. Journal of Heuristics, 1999, 5(2): 181-197.

[80] Gehrke S. Radiometric processing of ADS imagery: mosaicking of large image blocks[C]. ASPRS Annual Conference, San Diego, California, April 26-30, 2010.

[81] González-Piqueras J, Hernández D, Felipe B, Odi M, Belmar S, Villa G, Domenech E. Radiometric aerial triangulation approach. A case study for the Z/I DMC[C]. Proceedings of EuroCOW, Castelldefels, Spain, February 10-12, 2010.

[82] Gonzalez R C, Woods R E. Digital image processing (2nd Edition)[M]. Upper Saddle River, New Jersey, USA : Prentice Hall, 2002.

[83] Guindon B. Assessing the radiometric fidelity of high resolution satellite image mosaics[J]. ISPRS journal of photogrammetry and remote sensing, 1997, 52(5): 229-243.

[84] Heier H, Kiefner M, Zeitler W. Calibration of the digital modular camera DMC[C]. 22nd FIG International Congress, 19-26 April 2002, Washington, D. C. USA.

[85] Hinz A, Dörstel C, Heier H. Digital modular camera: system concept and data processing workflow[C]. International Archives of Photogrammetry and Remote Sensing, 13-16 July, 2000, Amsterdam, Vol. 33, Part B2: 164-171.

[86] Hong G, Zhang Y. A comparative study on radiometric normalization using high resolution satellite images[J]. International Journal of Remote Sensing, 2008, 29(2): 425-438.

[87] Hsu C T, Wu J L. Multiresolution mosaic[J]. IEEE Transactions on Consumer Electronics, 1996, 42(4): 981-990.

[88] Hsu S, Sawhney H S, Kumar R. Automated mosaics via topology inference[J]. IEEE Computer Graphics and Applications, 2002, 22(2): 44-54.

[89] Huang X, Zhang L. A multidirectional and multiscale morphological index for automatic building extraction from multispectral geoeye-1 imagery[J]. Photogrammetric Engineering & Remote Sensing, 2011, 77(7): 721-732.

[90] Huang X, Zhang L. Morphological building/shadow index for building extraction from high-resolution imagery over urban areas[J]. IEEE Journal of Selected Topics in Applied Earth Observations and Remote Sensing, 2012, 5 (1): 161-172.

[91] Jia J, Tang C. Image stitching using structure deformation[J]. IEEE Trans. Pattern Anal. Mach. Intell. 2008, 30: 617-631.

[92] Kerschner M. Seamline detection in colour orthoimage mosaicking by use of twin snakes[J]. ISPRS Journal of Photogrammetry & Remote Sensing, 2001, 56(1): 53-64.

[93]Leng L, Zhang T Y, Kleinman L, Zhu W. Ordinary least square regression, orthogonal regression, geometric mean regression and their applications in aerosol science[C]. Journal of Physics: Conference Series 78, 2007.

[94]Levin A, Zomet A, Peleg S, et al. Seamless image stitching in the gradient domain[C]. 8th European Conference on Computer Vision, 11-14 May 2004, Prague: 377-389.

[95]Li D, Zhang G, Wu Z, Yi L. An edge embedded marker-based watershed algorithm for high spatial resolution remote sensing image segmentation, IEEE Transactions on Image Processing, 2010, 19(10): 2781-2787.

[96]Li L, Yao J, Liu Y, Yuan W, Shi S Z, Yuan S G. Optimal seamline detection for orthoimage mosaicking by combining deep convolutional neural network and graph cuts[J]. Remote Sensing, 2017, 9(7): 701.

[97]Li L, Yao J, Lu X, Tu J, Shan J. Optimal seamline detection for multiple image mosaicking via graph cuts[J]. ISPRS Journal of Photogrammetry and Remote Sensing, 2016, 113: 1-16.

[98]Li X, Hui N, Shen H, Fu Y, Zhang L. A robust mosaicking procedure for high spatial resolution remote sensing images[J]. ISPRS Journal of Photogrammetry and Remote Sensing. 2015, 109: 108-125.

[99]Lillesand T M, Kiefer R W. Remote sensing and image interpretation (fourth edition)[M]. New York: John Wiley and Sons, 2000.

[100]López D H, García B F, Piqueras J G, Alcázar G V. An approach to the radiometric aerotriangulation of photogrammetric images[J]. ISPRS Journal of Photogrammetry and Remote Sensing, 2011, 66(6): 883-893.

[101]Lu D, Mausel P, Brondízio E, Moran E. Change detection techniques[J]. Int. J. of Remote Sens. 2004, 25: 2365-2401.

[102]Luo J, Sheng Y, Shen Z, Li J, Gao L. Automatic and high-precise extraction for water information from multispectral images with the step-by-step iterative transformation mechanism[J]. Journal of Remote Sensing, 2009, 13(4): 610-622.

[103] Madani M, Dörstel C, Heipke C, et al. DMC practical experience and accuracy assessment[C]. In: Proc ISPRS, Vol XXXV, B2, Istanbul, 2004: 396-401.

[104]Meyer F, Beucher S. Morphological segmentation[J], Journal of Visual Communication and Image Representation, 1990, 1(1): 21-46.

[105]Meunier L, Borgmann M. High-resolution panoramas using image mosaicing[EB/OL]. [2007-06-11]. http: //scien. stanford. edu/class/ee368/projects2000/project13/index. html.

[106]Milgram D L. Computer methods for creating photomosaics[M]. IEEE Transactions on Computers, 1975, C-24: 1113-1119.

[107] Milgram D L. Adaptive techniques for photomosaicking[M]. IEEE Transactions on Computers, 1977, C-26: 1175-1180.

[108]Mills S, McLeod P. Global seamline networks for orthomosaic generation via local search

[J]. ISPRS Journal of Photogrammetry and Remote Sensing, 2013, 75: 101-111.

[109] Nielsen A A. The regularized iteratively reweighted MAD method for change detection in multi- and hyperspectral data[J]. IEEE Transactions on Image Processing, 2007, 16(2): 463-478.

[110] Nielsen A A, Conradsen K, Simpson J J. Multivariate alteration detection (MAD) and MAF post-processing in multispectral, bitemporal image data: New approaches to change detection studies[J]. Remote Sensing of Environment, 1998, 64: 1-19.

[111] Okabe A, Boots B, Sugihara K. Nearest neighborhood operations with generalized Voronoi diagrams: a review[J]. International Journal of Geographical information Systems, 1994, 8: 43-71.

[112] Okabe A, Boots B, Sugihara K, Chiu S N. Spatial Tesselations: Concepts and Applications of Voronoi Diagrams [M]. Wiley, Chichester, UK, 2000.

[113] Otsu N. A threshold selection method from gray-level histograms, Automatica, 1975, 11 (285-296): 23-27.

[114] Over M, Schottker B, Braun M, Menz G. Relative radiometric normalisation of multitemporal Landsat data — a comparison of different approaches [C]. IEEE International Geoscience and Remote Sensing Symposium, (IGARSS'03), Toulouse, France, 2003, 6: 3623-3625.

[115] Pan J, Wang M, Li D, Li J. Automatic generation of seamline network using area voronoi diagrams with overlap[J]. IEEE Transactions on Geoscience and Remote Sensing, 2009, 47(6): 1737-1744.

[116] Pan J, Wang M, Ma D, Li J. Seamline network refinement based on area voronoi diagrams with overlap[J]. IEEE Transactions on Geoscience and Remote Sensing, 2014, 52(3): 1658-1666.

[117] Pan J, Wang M, Li J, Yuan S, Hu F. Region change rate-driven seamline determination method [J]. ISPRS Journal of Photogrammetry and Remote Sensing, 2015, 105: 141-154.

[118] Paparoditis N, Souchon J P, Martinoty G, Pierrot-Deseilligny M. High-end aerial digital cameras and their impact on the automation and quality of the production workflow[J]. ISPRS Journal of Photogrammetry and Remote Sensing, 2006, 60(6): 400-412.

[119] Park S C, Park M K, Kang M G. Super-resolution image reconstruction: A technique overview[J]. IEEE Signal Processing Magazine, 2003, 20(3): 21-36.

[120] Pérez P, Gangnet M, Blake A. Poisson image editing[J]. ACM Trans. Graph. 2003, 3: 313-318.

[121] Pilu M, Pollard S. A light-weight text image processing method for handheld embedded cameras [A]. Proc. British Machine Vision Conference, Cardiff University, 2002: 547-556.

[122] Pudale S R, Bhosle U V. Comparative study of relative radiometric normalization techniques for resourcesat1 LISS III sensor images [C]. Proceedings of the International

Conference on Computational Intelligence and Multimedia Applications (ICCIMA 2007), 2007, 3: 233-239.

[123] Reitsma R, Trubin S, Mortensen E. Weight-proportional space partitioning using adaptive Voronoi diagrams[J]. Geoinformatica, 2007, 11: 383-405.

[124] Rosin P L. Measuring rectangularity[J]. Machine Vision & Applications, 1999, 11(4): 191-196.

[125] Sahoo P K, Soltani S, Wong A K C. A survey of thresholding techniques[J]. Computer vision, graphics, and image processing, 1988, 41(2): 233-260.

[126] Schickler W, Thorpe A. Operational procedure for automatic true orthophoto generation [J]. International Archives of Photogrammetry and Remote Sensing, 1998, 32(4): 527-532.

[127] Schott J R, Salvaggio C, Volchok W J. Radiometric scene normalization using pseudo-invariant features[J]. Remote Sensing of Environment, 1988, 26: 1-16.

[128] Shao H C, Hwang W L, Chen Y C. Optimal multiresolution blending of confocal microscope images[J]. IEEE Trans. Biomed. Eng. 2012, 59: 531-41.

[129] Shiren Y, Li L, Peng G. Two-dimensional seam-point searching in digital image matching [J]. Photogrammetric Engineering and Remote Sensing, 1989, 55: 49-53.

[130] Singh A. Digital change detection techniques using remotely-sensed data[J]. Int. J. Remote Sens. 1989, 10: 989-1003.

[131] Soille P. Morphological image compositing[J]. IEEE Transactions on Pattern Analysis and Machine Intelligence, 2006, 28(5): 673-683.

[132] Song M, Ji Z, Huang S, et al. Mosaicking UAV orthoimages using bounded Voronoi diagrams and watersheds[J]. International Journal of Remote Sensing, 2017(6): 1-20.

[133] Stehman S V. Selecting and interpreting measures of thematic classification accuracy[J]. Remote Sensing of Environment, 1997, 62(1): 77-89.

[134] Tang L, Dörstel C, Jacobsen K, et al. Geometric accuracy potential of the digital modular cameral [C]. In: Proc IAPRS, Vol. XXXIII, Part B4/3, Amsterdam, 2000: 1051-1057.

[135] Uyttendaele M, Eden A, Szeliski R. Eliminating ghosting and exposure artifacts in image mosaics [J]. In: Proc CVPR, Hawaii, 2001, II: 509-516.

[136] Vincent L, Soille P. Watersheds in digital spaces: an efficient algorithm based on immersion simulations [J]. IEEE Transactions on Pattern Analysis and Machine Intelligence, 1991, 13(6): 583-598.

[137] Wan Y, Wang D, Xiao J, Lai X, Xu J. Automatic determination of seamlines for aerial image mosaicking based on vector roads alone[J]. ISPRS Journal of Photogrammetry and Remote Sensing, 2013, 76: 1-10.

[138] Weiler K, Atherton P. Hidden surface removal using polygon area sorting [C]. Proceedings of the SIGGRAPH'77, New York: ACM Press, 1977: 214-222.

[139] Wein R, van den Berg J P, Halperin D. The visibility-Voronoi complex and its applications. Computational Geometry—Theory and Applications[M]. 2007, 36: 66-87.

[140] Wu H, Liu C, Zhang Y, Sun W. Water feature extraction from aerial-image fused with airborne LIDAR data[C]. 2009 Joint Urban Remote Sensing Event, Shanghai, China, 20-22 May, 2009.

[141] Xandri R, Pérez F, Palà V, Arbiol R. Automatic generation of seamless mosaics over extensive areas from high resolution imagery[C]. World Multi-Conference on Systemics, Cybernetics and Informatics (WMSCI). Orlando, USA, 2005.

[142] Yu L, Holden E J, Dentith M C, Zhang H. Towards the automatic selection of optimal seam line locations when merging optical remote-sensing images[J]. International Journal of Remote Sensing, 2012, 33(4): 1000-1014.

[143] Yuan D, Elvidge C D. Comparison of relative radiometric normalization techniques[J]. ISPRS journal of photogrammetry and remote sensing, 1996, 51: 117-126.

[144] Zhang L. Automatic Digital Surface Model (DSM) generation from linear array images[J]. Ph. D. dissertation, ETH No. 16078, Technische Wissenschaften ETH Zurich, IGP Mitteilung N. 90, 2005.

[145] Zhang Z X, Li Z J, Zhang J Q, Zheng L. Use discrete chromatic space to tune the image tone in color image mosaic[C]. The Third International Symposium on Multispectral Image Processing and Pattern Recognition (MIPPR'03), Beijing, China, 2003.

[146] Zomet A, Levin A, Peleg S, et al. Seamless image stitching by minimizing false edges[J]. IEEE Transactions On Image Processing, 2006, 15(4): 969-977.

[147] Zuberbühler F. Physical and photographic aspects of aerial photography[M]. 2004.